南沙群岛
珊瑚礁鱼类图鉴

Reef Fish Identification of Nansha Islands

南海环境监测中心
方宏达　吕向立　主编

中国海洋大学出版社
·青岛·

图书在版编目（CIP）数据

南沙群岛珊瑚礁鱼类图鉴 / 方宏达, 吕向立主编. — 青岛：中国海洋大学出版社, 2019.5

ISBN 978-7-5670-2209-6

Ⅰ. ①南… Ⅱ. ①方… ②吕… Ⅲ. ①南沙群岛—珊瑚礁—海产鱼类—图集 Ⅳ. ①Q959.4

中国版本图书馆CIP数据核字(2019)第088056号

出版发行 中国海洋大学出版社
社　　址 青岛市香港东路23号　　邮政编码 266071
出 版 人 杨立敏
网　　址 http://pub.ouc.edu.cn
电子信箱 465407097@qq.com
订购电话 0532-82032573（传真）
责任编辑 董　超　徐永成
电　　话 0532-85902342
印　　制 青岛国彩印刷股份有限公司
版　　次 2019年10月第1版
印　　次 2019年10月第1次印刷
成品尺寸 185 mm × 260 mm
印　　张 25
印　　数 1—3000
字　　数 576千
定　　价 368.00元

发现印装质量问题，请致电0532-58700168，由印刷厂负责调换。

编 委 会

序 Foreword

珊瑚礁以及依赖其生存的礁栖生物组成了海洋中非常重要的珊瑚礁生态系统，被称为海洋热带雨林。我国南海的南沙、中沙、西沙、东沙群岛的岛礁基本上由珊瑚礁构成。从珊瑚礁的覆盖面积来看，我国并不是“珊瑚礁大国”，然而从地理位置来看，南海珊瑚礁位于全球著名的珊瑚礁三角区（Coral Triangle）边缘地带，应该受益于全球珊瑚礁生物多样性最高的珊瑚礁三角区之间的连通性。

长期以来，我国对南海珊瑚礁生态系统的认识和研究是相当薄弱的。造成这种现象的主要原因是我国从事珊瑚礁生态系统相关科学研究的专业人员太少、重视程度不够、科研投入不足。以南海珊瑚礁鱼类多样性研究为例，参考文献主要是《南海鱼类志》（1962）、《南海诸岛海域鱼类志》（1979）、《南沙群岛至华南沿岸的鱼类（一）》（1997）、《南沙群岛至华南沿岸的鱼类（二）》（2002）等。近年来，随着我国水下摄影技术在休闲运动和研究中的普及，我们获得了越来越多的精美的珊瑚礁鱼类水下生态照片。

我国迫切需要对南海珊瑚礁生态系统中生物种类组成有更多的认识和及时的研究成果展示，《南沙群岛珊瑚礁鱼类图鉴》一书正是在这方面做了很好的尝试。南沙群岛是我国南海珊瑚礁分布面积最大的海域，该书主编单位自然资源部南海环境监测中心近年来持续对南沙群岛的珊瑚礁进行了生态调查与监测，水下拍摄了大量珊瑚礁鱼类照片。根据国际广泛认可的鱼类检索系统（*Fishes of the world*，2006），并结合分子生物学鉴定手段，整理、鉴定出 2 纲 8 目 45 科 381 种珊瑚礁鱼类，并从形态特征、生态分布等方面对这些种类进行了描述，其中许多种类还包含了不同生长阶段的不同形态特征照片，该书记录的南沙群岛珊瑚礁鱼类的第一手信息极其宝贵，既丰富了我国南沙群岛珊瑚礁鱼类种类名录，也为我国珊瑚礁鱼类物种多样性、生态保护研究提供了重要的科学素材，并有助于分析在全球气候变化和人类活动影响下南海珊瑚礁鱼类种类组成的变化。在全球珊瑚礁快速退化的背景下，该书精美的图片和信息介绍展示了南沙群岛珊瑚礁鱼类的真实情景和现状，为广大读者认识、保护南海珊瑚礁提供了重要的科学依据。

相信《南沙群岛珊瑚礁鱼类图鉴》一书能够在我国珊瑚礁鱼类的科学研究、知识推广普及以及生态保护等方面发挥重要作用。

厦门大学

刘敏

2019 年 10 月于厦门

前言 preface

南沙群岛位于祖国最南部，地处热带，海域面积辽阔，是南海中岛屿滩礁最多、散布范围最广的一组群岛。南沙多数珊瑚岛以环礁为主，属珊瑚礁地貌结构，具有国内最丰富的珊瑚礁资源和物种多样性，已记载的鱼类种类数量达到 558 种，实际种类超过 1 000 种。

由于全球气候变暖、敌害生物和人类活动等原因，全球珊瑚礁出现了不同程度的退化现象，这也威胁到依赖珊瑚礁生存的种类数量庞大的礁栖生物，其中的珊瑚礁鱼类是最为大众所熟知的，活泼可爱的小丑鱼、壮硕威武的苏眉鱼、色彩鲜艳的鹦哥鱼……它们的家园正在慢慢退化消失。因此，我们也深感自己有责任和使命去记录这些游弋于南沙群岛珊瑚礁中的“美丽精灵”。

南海环境监测中心在多年的生态调查与监测中，获取了大量南沙群岛珊瑚礁鱼类照片和影像资料。在南沙群岛，累计下潜 4 200 余人次，拍摄珊瑚礁鱼类照片 32 000 余张，初步筛选后确定 412 种，再经仔细核验，最终收录了 45 科 381 种珊瑚礁鱼类（766 张图片）。通过现场调查和影像资料整理，发现南沙群岛珊瑚礁鱼类物种多样性高，存在许多国内图谱和分类书籍未收录种类。我们通过最新的高清影像设备，记录了它们生活史不同阶段的形态特征。为了与读者分享我们的工作成果并丰富南海鱼类图谱的信息库，我们编撰了《南沙群岛珊瑚礁鱼类图鉴》一书。

本书编撰的目的是为科研调查人员、潜水爱好者、鱼类爱好者和普通读者提供一本有参考价值的珊瑚礁鱼类分类图鉴。因此，我们始终以严谨态度去对待这本书，确保书中鱼类图片鉴定正确、形态特征表达清晰、文字描述专业科学。

本书编撰过程中，我们参考了国内外相关的珊瑚礁鱼类图谱和系统分类书籍，其中 G. Allen 等著的 *Reef Fish Identification:Tropical Pacific* 和傅亮所著的《中国南海西南中沙群岛珊瑚礁鱼类图谱》在内容编排、文字描述和封面版式等方面对我们有很大帮助和启发，我们尊重这些参考书籍的版权并努力保持自身原创性。同时，我们也郑重声明，书中使用的每一张鱼类图片都为我们队伍在南沙群岛海域拍摄所得。

从前期鱼类照片拍摄到后期书本编撰，我们深感自身力量的薄弱和能力的局限，我们所收获的成绩依靠的是同行、前辈们在该领域所做出的贡献，我们很荣幸可以为祖国的海洋事业贡献自己的微薄之力。虽然我们在编制过程中仔细用心，但难免会存在错误或者不完善，请读者朋友们斧正，也欢迎通过邮件（rfioni@163.com）给我们提供宝贵意见。同时，本书的出版不是我们工作的终点，随着未来调查次数的增加，我们还将进一步丰富我们种类图库和内容信息，争取对书籍进行修订和再版，感谢大家的支持。

方宏达　吕向立

2019 年 9 月 26 日

内容说明 Instructions

图鉴的编撰过程中，使用的编撰标准和通用术语具体如下：

1. 鱼类图片的种类鉴定

水下拍摄的每张鱼类图片都需要确定种名后方能收录到图鉴中。然而，多数图片并不能完全展示鱼类的系统分类特征，因此，我们采用形态分类与系统分类相结合方式进行种类鉴定，并且遵循不确定的种类坚决不予收录的原则。参考的鱼类图谱包括 *Reef Fish Identification: Tropical Pacific*、加藤昌一先生所著的系列珊瑚礁鱼类图谱和一些权威网站的图片信息等，主要参考的系统分类学书籍包括《南海鱼类志》《中国海洋鱼类》和相关纲目的《中国动物志》等。种的鉴定主要是通过与权威鱼类图谱比对形态特征，对于一些疑难种类也结合系统分类手段。

2. 图注中的鱼类长度

本书的鱼类图片下方注释了拍摄对象的参数，包括中文名、全长、发育期和拍摄水深等。由于鱼类处于游动状态并且与拍摄者有一定距离，我们无法对其全长做精确测量，只能在完成水下拍摄后当天整理出来其目测估算值，数据不可避免存在一定误差，仅供读者参考。

3. 图片白平衡

进行水下拍摄时，自然光中红色波长的光线在水深 3 m 以上就被完全阻隔，橙色波长光线只能到达 10 m 水深，因此，在自然光条件下拍摄的照片往往会出现偏绿色或者偏蓝色。使用闪光灯可以补充红光、橙光，还原鱼类本身色彩，但由于闪光灯功率和水体透明度等因素的限制，某些情况下拍摄对象并不能得到充足补光。基于上述情况，我们对大部分图片都做了后期的白平衡修正，这种修正依赖的是个人的经验和对色彩的判断力，因此修正结果可能无法与实际颜色达到完全一致，请读者们谅解。

4. 种类的学名和中文名

由于分子生物技术在系统分类学中的广泛运用，许多珊瑚礁鱼类的科、属和种名在不断地更新变化。书中大部分种类的学名依据 WORMS 数据库，中文名依据《拉汉世界鱼类系统名典》，英文名依据的是 *Reef Fish Identification: Tropical Pacific* 第二版。

5. 鱼类的体色和斑纹

许多珊瑚礁鱼类在不同生境或者在个体生活史的不同阶段存在体色方面的差异，有时候这种差异是巨大的，并且拍摄图片的光线强弱和后期程度可能会进一步放大差异。在筛选图片过程中我们有意识把具有体色差异的同种个体尽量列入，但终究不能非常全面，读者可能会遇到实际观察个体的体色特征与图鉴展示存在一定差异的情况。

6. 分类和排序

图鉴每个种的分类和排序依据的是基于 Nelson 分类系统的《拉汉世界鱼类系统名典》，主要排序结构为依据该系统将所有种归入各自的科，同一科的各个属按照拉丁文首字母排序，同一属的各个种按照拉丁文首字母排序。同时，结合书中个别属或者种的特殊形态特征和生态习性对排序进行了微调，比如雀鲷科中的双锯鱼亚科和鲉科中的拟花鮨亚科，它们具有独立的形态特征和生态习性，因此将其单独列在该科后面更有识别性。

7. 名词释义

体盘宽：本书指体呈盘状并具有细长尾巴的魟科鱼类，使用身体盘状部分的宽度描述其体型大小。

幼鱼：指仔稚鱼发育为具有成鱼形状特征的未性成熟个体。

成鱼：指由幼鱼发育成的具有鲜明的区别于其他种类形状和分类特征的性成熟个体。

亚成鱼：介于幼鱼和成鱼之间的发育阶段，少数鱼类该阶段有较明显的形态特征。

性逆转成鱼：本书特指鹦嘴鱼科和隆头鱼科鱼类个体中体色更鲜艳、个体更大、数量更少的雄性成鱼，是种群中个体发育的终极形态，具有最高繁殖优先权。

珊瑚岬：突出于珊瑚礁礁盘结构的尖形礁体。

礁凸起：低潮时可能会露出水面的小型礁体结构。

向海礁坡（坪）：礁盘结构中与大海水体直线距离更近的一侧礁坡（坪）。

8. 环礁的平面和剖面结构

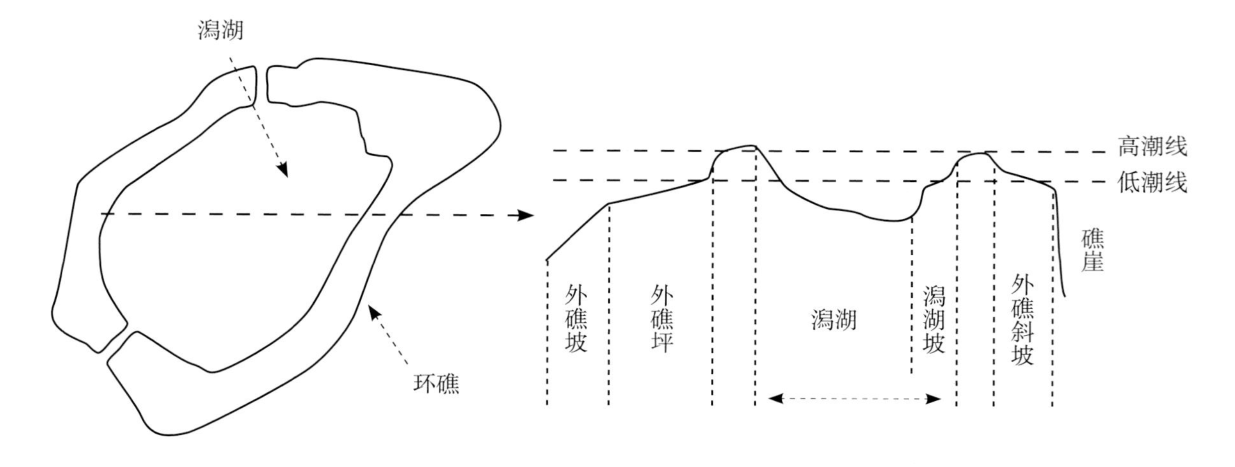

南沙群岛环礁结构平面示意图　　南沙群岛环礁结构剖面示意图

9. **鱼类外部形态术语**

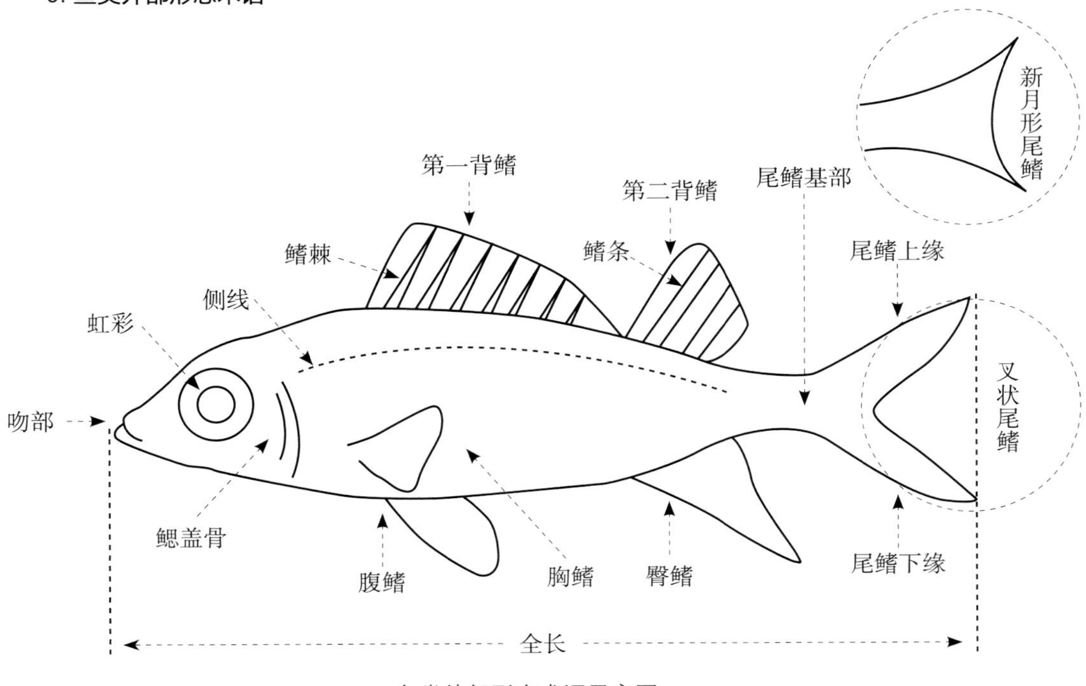

鱼类外部形态术语示意图

10. **鱼体斑纹术语**

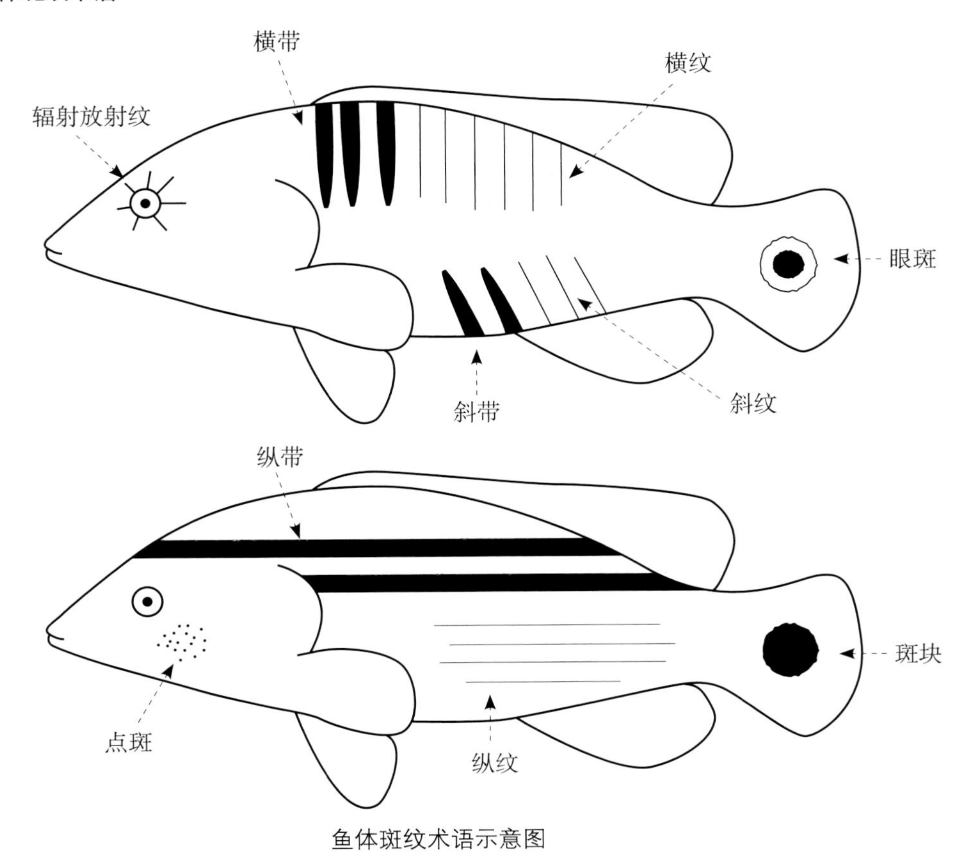

鱼体斑纹术语示意图

目录 Contents

魟科 Dasyatidae

鲼科 Myliobatidae

海鳝科 Muraenidae

狗母鱼科 Synodontidae

鱵科 Hemiramphidae

鳂科 Holocentridae

管口鱼科 Aulostomidae

烟管鱼科 Fistulariidae

鲉科 Scorpaenidae

鮨科 Serranidae

拟雀鲷科 Pseudochromidae

大眼鲷科 Priacanthidae

天竺鲷科 Apogonidae

弱棘鱼科 Malacanthidae

䲟科 Echeneidae

鲹科 Carangidae

笛鲷科 Lutjanidae

梅鲷科 Caesionidae

仿石鲈科 Haemulidae

金线鱼科 Nemipteridae

裸颊鲷科 Lethrinidae

羊鱼科 Mullidae

单鳍鱼科 Pempheridae

鮀科 kyphosidae

蝴蝶鱼科 Chaetodontidae

刺盖鱼科 Pomacanthidae

鎓科 Cirrhitidae

雀鲷科 Pomacentridae

隆头鱼科 Labridae

鳚鳢科 Microdesmidae

篮子鱼科 Siganidae

镰鱼科 Zanclidae

刺尾鱼科 Acanthuridae

鬼魟 成鱼 体盘宽约 150 cm

鬼魟 成鱼 体盘宽约 150 cm 何书玮摄

鬼魟 *Bathytoshia lata*

英文名 Black stingray

特　征 最大体盘宽 180 cm。体背部暗绿色至棕色，腹部白色；体中后部细长呈鞭状，具 1~2 根有毒的锯齿状刺，体盘和体中后部有粗壮锋利的刺。栖息于水深 360 m 以浅的沙质底或泥质底。

分　布 南沙群岛、西沙群岛、中沙群岛。

蓝斑条尾魟 成鱼 体盘宽约 25cm

蓝斑条尾魟 成鱼 体盘宽约 30 cm

蓝斑条尾魟 *Taeniura lymma*

英文名 Blue-spotted ribbontail ray

特　征 最大体盘宽约 35 cm。体呈黄棕色，具若干蓝色斑点；体呈椭圆盘状，体中后部呈扁丝带状，全长约为体盘宽的 1.5 倍，具 2 根尖刺。生活在沙质底，栖息于水深 1~20 m 的近岸、潟湖和外海礁坪的大礁岩底部或珊瑚礁洞穴中。

分　布 南沙群岛、西沙群岛、中沙群岛。

眼斑鹞鲼 *Aetobatus ocellatus**

英文名 Spotted eagle ray

特　征 最大翼展 350 cm。体灰棕色至黑色，布满许多白色斑点，腹部白色；胸鳍近三角盘状或翼状，头突出，尾鳍细长且具有许多棘刺。栖息于水深 1~80 m 的沿岸礁坡、潟湖坡或外礁坪的开阔水域。

分　布 南沙群岛、西沙群岛、中沙群岛。

眼斑鹞鲼 成鱼 翼展约200 cm

* 早期本种曾与属于世界性温水广布种的纳氏鹞鲼（*Aetobatus narinari*）混淆，直到 White et al.（2010）将本种确认为印度 – 太平洋的特有种。

云纹海鳝 *Echidna nebulosa*

英文名 Snowflake moray

特　征 最大全长 75 cm。体白色，具多道黑色横带，横斑上夹杂着黄色花斑和许多细碎的小黑斑，花斑和小黑斑间的纹理较零乱。独居，栖息于水深 1~18 m 的礁坪处或岩质岸线边上。

分　布 南海近岸、东沙群岛、南沙群岛、西沙群岛、中沙群岛。

云纹海鳝 成鱼 全长约60 cm

豆点裸胸鳝 成鱼 全长约80 cm

豆点裸胸鳝 成鱼 全长约80 cm

豆点裸胸鳝 *Gymnothorax favagineus*

英文名 Blackspotted moray

特 征 最大全长 180 cm。体白色至黄色，全身遍布黑色斑点；幼鱼斑点大而少；体型大的成鱼斑点小，呈蜂窝状。独居，栖息于水深 50 m 以浅的潟湖或外礁坪的裂隙中。

分 布 南海近岸、东沙群岛、南沙群岛、西沙群岛、中沙群岛。

爪哇裸胸鳝 成鱼 全长约100 cm

爪哇裸胸鳝 成鱼 全长约80 cm

爪哇裸胸鳝 成鱼 全长约100 cm

爪哇裸胸鳝 *Gymnothorax javanicus*

英文名 Giant moray

特 征 最大全长 250 cm。体棕褐色至棕色或略带绿色，头部、躯干和鳍上均具许多不规则的深棕色斑点，鳃孔处具一黑斑。独居，栖息于水深 1~ 46 m 的潟湖或外礁坪的洞穴中。为最常见的大型海鳝。

分 布 南海近岸、东沙群岛、南沙群岛、西沙群岛、中沙群岛。

斑点裸胸鳝 成鱼 全长约100 cm

斑点裸胸鳝 *Gymnothorax meleagris*

英文名 Whitemouth moray

特　征 最大全长 100 cm。体深棕色，具很多密集分布的白色斑点；尾尖和口内部白色。独居，头部常从珊瑚礁凹处伸出，栖息于水深 1~36 m 的潟湖坡和外礁坪。

分　布 东沙群岛、南沙群岛、西沙群岛、中沙群岛。

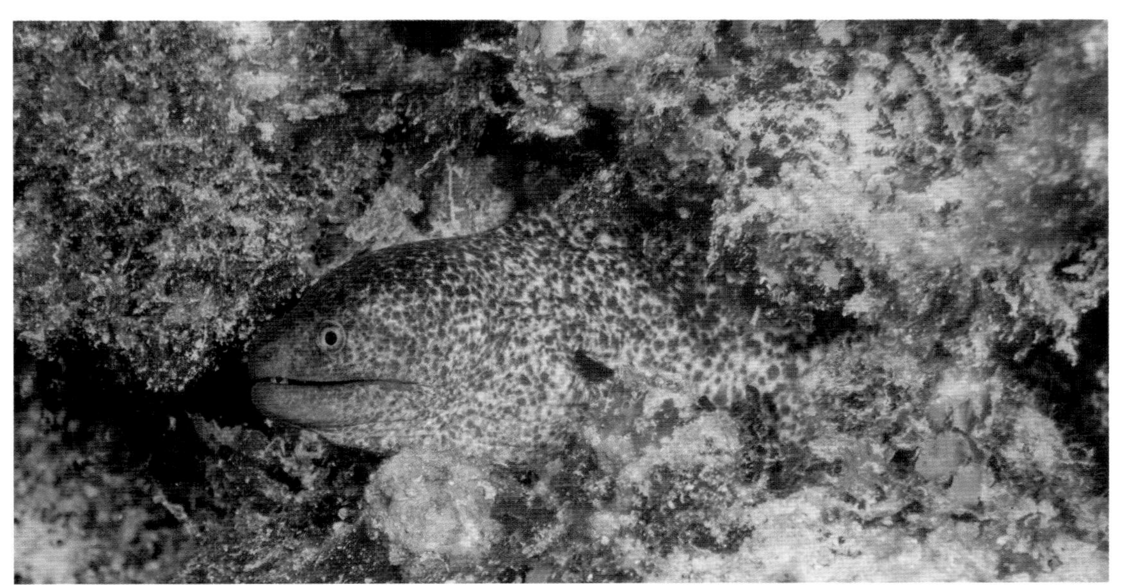
密点裸胸鳝 成鱼 全长约100 cm

密点裸胸鳝 *Gymnothorax thyrsoideus*

英文名 Whtie-eyed moray

特　征 最大全长 65 cm。体白色或浅黄棕色，密布棕色小点；头部紫灰色，眼虹膜为白色。独居或群居，栖息于水深 7 m 以浅的礁坪裂缝中。

分　布 南海近岸、东沙群岛、南沙群岛、西沙群岛、中沙群岛。

细蛇鲻 成鱼 全长约12 cm

细蛇鲻 *Saurida gracilis*

英文名 Slender lizardflsh

特 征 最大全长 28 m。体呈斑驳的灰色至棕色，体后部有 3 条横条纹，唇部有线状斑纹，口闭合情况下牙齿仍然明显可见。独居，栖息于水深 12 m 以浅的沙底质或粉砂底质的枝状珊瑚上。

分 布 南海近岸、东沙群岛、南沙群岛、西沙群岛、中沙群岛。

双斑狗母鱼 成鱼 全长约12 cm

双斑狗母鱼 成鱼 全长约12 cm

双斑狗母鱼 成鱼 全长约12 cm

双斑狗母鱼 *Synodus binotatus*

英文名 Twospot lizardflsh

特 征 最大全长 18 cm。体白色至浅棕色，有 6~7 条不规则的深棕色至红色横纹；两侧下方间有一连串大小交替的深色斑点；吻尖端有 1 对深色的小斑点。独居或成对生活，栖息于水深 3~20 m 的向海侧礁坪的硬石底质海域。

分 布 南海近岸、东沙群岛、南沙群岛、西沙群岛、中沙群岛。

射狗母鱼 成鱼 全长约15 cm

射狗母鱼 *Synodus jaculum*

英文名 Blackblotch lizadflsh

特　征 最大全长 20 cm。体呈斑驳的灰色至棕色，有横跨背部的条纹，体侧有钻石形的斑点；尾鳍基部有黑色条带。独居、成对生活或集成小群，偶尔在海底游动；栖息于水深 2~88 m 的沙质底或碎石质底。

分　布 南海近岸、东沙群岛、南沙群岛、西沙群岛、中沙群岛。

杜氏下鱵鱼 *Hyporhamphus dussumieri*

英文名 Dussumier's halfbeak

特　征 最大全长 30 cm。体银色细长，上颌极短，下颌延长形似剑，尾鳍叉状，下叶长于上叶。集成大群，栖息在潟湖和近岸礁坡的水体表层。

分　布 南海近岸、东沙群岛、南沙群岛、西沙群岛、中沙群岛。

杜氏下鱵鱼 成鱼 全长约22 cm

焦黑锯鳞鱼 成鱼 全长约20 cm

焦黑锯鳞鱼 成鱼 全长约20 cm

焦黑锯鳞鱼 *Myripristis adusta*

英文名 Shadowfin soldierfish

特 征 最大全长 32 cm。体浅橙粉色，鳞片有黑边；背鳍后部和尾鳍有黑边，鳃盖后缘有 1 个黑色斑点。独居或群居，栖息于 25 m 以浅的沿岸礁坡、潟湖坡和外礁坪。

分 布 南海近岸、东沙群岛、南沙群岛、西沙群岛、中沙群岛。

大眼锯鳞鱼 成鱼 全长约11 cm 水深11 m

大眼锯鳞鱼 *Myripristis amaena*

英文名 Brick soldierfish

特　征 最大全长 32 cm。体浅红色，鳞片边缘色深，背鳍、臀鳍和尾鳍为红色且无白色边缘，鳃盖后缘色深。栖息于水深 2~52 m 的潟湖或礁崖，白天常集群在岩壁和洞穴里。

分　布 南海近岸、东沙群岛、南沙群岛、西沙群岛、中沙群岛。

凸颌锯鳞鱼 成鱼 全长约24 cm

凸颌锯鳞鱼 *Myripristis berndti*

英文名 Bigscale soldierfish

特　征 最大全长 30 cm。体白色，略带红色，鳞片边缘红色；背鳍黄色，具强鳍棘；除胸鳍外，其余鳍均具较窄的白色边缘，鳃盖后缘色深。栖息于水深 3~50 m 的潟湖或向海侧礁坡。

分　布 南海近岸、东沙群岛、南沙群岛、西沙群岛、中沙群岛。

康德锯鳞鱼 成鱼 全长约12 cm

康德锯鳞鱼 成鱼 全长约12 cm

康德锯鳞鱼 *Myripristis kuntee*

英文名 Epaulette soldierfish

特　征 最大全长 19 cm。体橘红色，鳞片中心珠光色，鳞片较其他锯鳞鱼小；鳍红色，边缘白色；沿鳃盖后边有一深棕色的条带。形成松散的小群，栖息于水深 2~35 m 的沿岸礁坡、潟湖坡或外礁坡。

分　布 南海近岸、东沙群岛、南沙群岛、西沙群岛、中沙群岛。

白边锯鳞鱼 *Myripristis murdjan*

英文名 Blotcheye soldierfish

特　征 最大全长 27 cm。体银白色至红色，鳞片边缘红色；第一背鳍鳍棘红色，除胸鳍外其他鳍的边缘白色，胸鳍基部有一大黑点。独居，栖息于水深 2~40 m 的大陆架沿岸、潟湖或外礁坪，白天躲避在洞穴中。

分　布 南海近岸、东沙群岛、南沙群岛、西沙群岛、中沙群岛。

白边锯鳞鱼 成鱼 全长约20 cm 水深11 m

壮体锯鳞鱼 成鱼 全长约22 cm

壮体锯鳞鱼 成鱼 全长约15 cm

壮体锯鳞鱼 *Myripristis robusta*

英文名 Robust soldierfish

特　征 最大全长 22 cm。体橙红色，鳞片边缘颜色较深；除胸鳍外，其他鳍边缘白色；背鳍和臀鳍末端略带黑色，鳃盖具较宽的黑色后缘。栖息于水深 30~45 m 具柳珊瑚的礁区的大型礁石或可隐蔽的礁坪处。

分　布 南沙群岛、西沙群岛、中沙群岛。

紫红锯鳞鱼 成鱼 全长约20 cm

紫红锯鳞鱼 成鱼 全长约12 cm

紫红锯鳞鱼 *Myripristis violacea*

英文名 Violet soldierfish

特　征 最大全长 22 cm。体银白色，有紫色光泽，鳞片边缘呈明显的深色；除胸鳍外，其余鳍均具较窄的白色边缘，鳃盖边缘具浅红色环带。栖息于水深 3~30 m 的大陆架沿岸、潟湖或外礁坪。

分　布 南海近岸、东沙群岛、南沙群岛、西沙群岛、中沙群岛。

银色新东洋鳂 *Neoniphon argenteus*

英文名 Clearfin squirrelfish

特　征 最大全长 19 cm。体银白色，具若干深红色至略带黑色的纵纹；背鳍半透明，鳍棘尖锐。独居，常见于大块的鹿角珊瑚枝丛间，栖息于珊瑚覆盖率高的礁坪、潟湖或可隐蔽的向海礁坡处，最大生活水深 20 m。

分　布 南海近岸、东沙群岛、南沙群岛、西沙群岛、中沙群岛。

银色新东洋鳂 成鱼 全长约10 cm

黑鳍新东洋鳂 *Neoniphon opercularis*

英文名 Blackfin squirrelfish

特 征 最大全长 35 cm。体银色，有深红色至黑色的鳞片，背鳍黑色，鳍棘尖锐，末端白色，沿着基部有 1 排白斑。独居或形成小群，通常栖息于水深 3~25 m 的鹿角珊瑚的分枝间。

分 布 南海近岸、东沙群岛、南沙群岛、西沙群岛、中沙群岛。

黑鳍新东洋鳂 成鱼 全长约16 cm

黑鳍新东洋鳂 成鱼 全长约16 cm

莎姆新东洋鳂 成鱼 全长约12 cm

莎姆新东洋鳂 成鱼 全长约12 cm

莎姆新东洋鳂 *Neoniphon sammara*

英文名 Spotfin squirrlefish

特　征 最大全长 32 cm。体银色，有深红色至黑色的纵纹；背鳍浅红色，具强鳍棘，前端有一黑色大斑点，鳍棘末端白色，基部有白色斑点。独居，大多数栖息于水深 3~40 m 的鹿角珊瑚中。

分　布 南海近岸、东沙群岛、南沙群岛、西沙群岛、中沙群岛。

尾斑棘鳞鱼 *Sargocentron caudimaculatum*

英文名 Tailspot squirrelfish

特　征 最大全长 25 cm。体前部和中部红色，体后部和尾鳍渐变为银白色；鳃盖上缘有银白色条纹。独居或形成松散的小群，栖息于珊瑚覆盖率高的外礁坪，常出现于水深 6~40 m 的外礁崖附近。

分　布 东沙群岛、南沙群岛、西沙群岛、中沙群岛。

尾斑棘鳞鱼 成鱼 全长约18 cm

尾斑棘鳞鱼 成鱼 全长约18 cm 夜潜拍摄

黑鳍棘鳞鱼 成鱼 全长约14 cm

黑鳍棘鳞鱼 成鱼 全长约14 cm

黑鳍棘鳞鱼 *Sargocentron diadema*

英文名 Crown squirrelfish

特　征 最大全长 17 m。体红色，具白色纵纹；背鳍鳍条深红色至黑色，鳍条尖端白色，背鳍中间有白色条纹。独居或形成小群，栖息于滩涂、潟湖中较深区域或向海礁坡水深 40 m 以浅区域。

分　布 南海近岸、东沙群岛、南沙群岛、西沙群岛、中沙群岛。

银带棘鳞鱼 成鱼 全长约18 cm

银带棘鳞鱼 成鱼 全长约18 cm

银带棘鳞鱼 *Sargocentron ittodai*

英文名 Samurai squirrelfish

特　征 最大全长 20 m。体具红、白色相间的纵纹；背鳍鳍条红色，中部有 1 行白色斑点。独居或群居，栖息于水深 5~70 m 的外海珊瑚礁坡。

分　布 南海近岸、东沙群岛、南沙群岛、西沙群岛、中沙群岛。

尖吻棘鳞鱼 *Sargocentron spiniferum*

英文名 Sabre squirrelfish

特　征 最大全长 45 cm。体红色，体型较大而健硕；每片鳞片上有银白色的条纹；胸鳍和臀鳍通常为浅黄色，颊部有一明显的棘刺。独居或成对生活，常躲避于洞穴或暗礁裂缝中，栖息于水深 122 m 以浅的潟湖坡和向海礁坡。

分　布 东沙群岛、南沙群岛、西沙群岛、中沙群岛。

尖吻棘鳞鱼 成鱼 全长约35 cm

中华管口鱼 成鱼 全长约50 cm

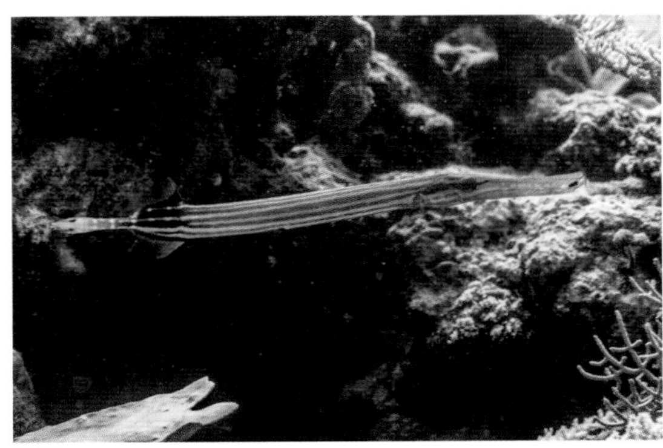

中华管口鱼 成鱼 全长约50 cm

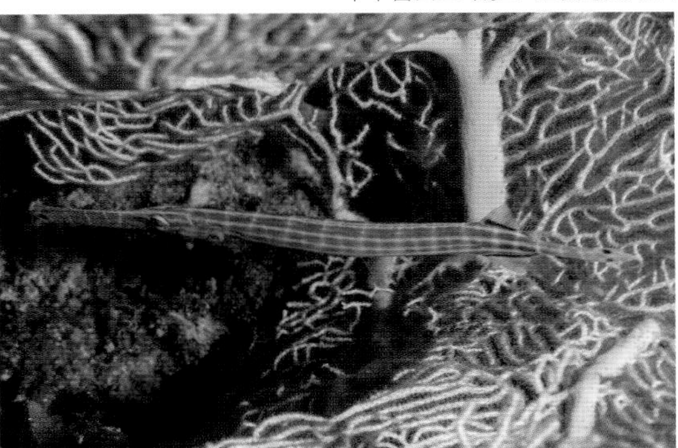

中华管口鱼 成鱼 全长约45 cm

中华管口鱼 *Aulostomus chinensis*

英文名 Trumpetfish

特 征 最大全长 80 cm。体细长，吻喇叭状；体通常为灰色至红棕色，有白色纵纹，或体全为黄色；尾鳍基部黑色，有白色斑点；尾鳍黄色，有 2 个黑色斑点。独居，栖息于水深 122 m 以浅的近岸礁坡或向海礁坡。

分 布 南海近岸、东沙群岛、南沙群岛、西沙群岛、中沙群岛。

无鳞烟管鱼 成鱼 全长约65 cm

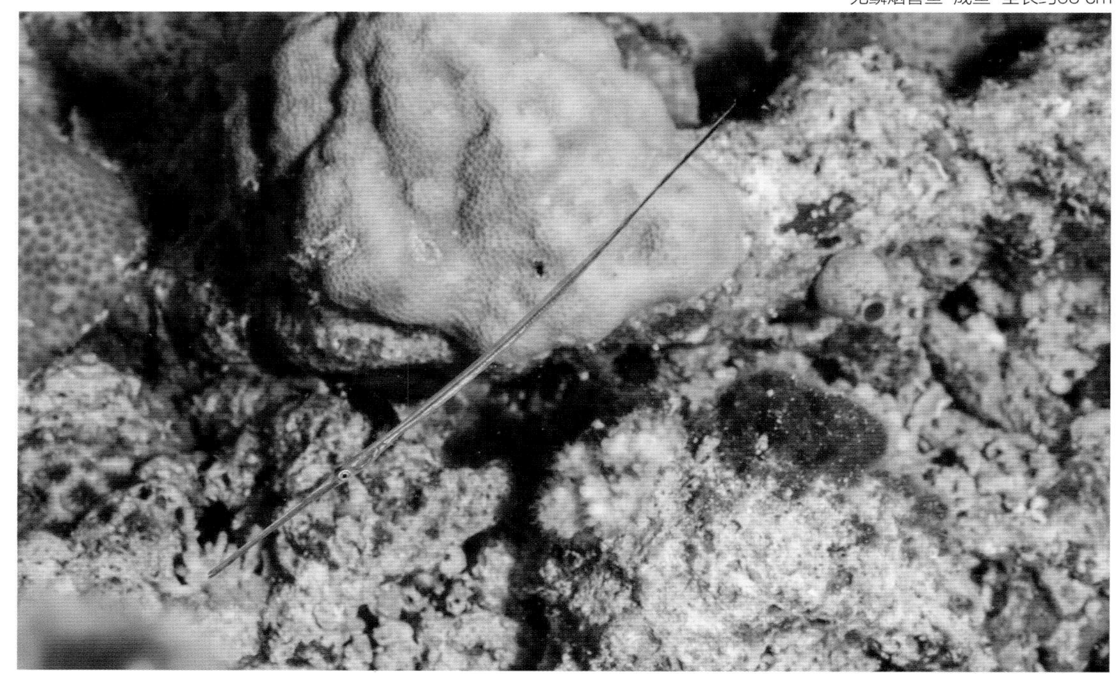

无鳞烟管鱼 成鱼 全长约45 cm

无鳞烟管鱼 *Fistularia commersonii*

英文名 Cornetfish

特　征 最大全长 150 cm。体延长，银白色，背部浅橄榄绿色；吻部延长，尾丝细长如鞭；体中部常有贯穿头部到尾鳍基部的蓝色纵纹。独居或集群，栖息于水深 128 m 以浅的热带海域。

分　布 东沙群岛、南沙群岛、西沙群岛、中沙群岛。

双眼斑短鳍蓑鲉 *Dendrochirus biocellatus*

英文名 Twinspot lionfish

特　征 最大全长 12 cm。体褐色，具若干宽横带及 2~3 条宽的深色环带；胸鳍白色，扇状，背鳍后半部具 1 对眼斑点；每侧眼睛下方具 1 条长触手状的皮瓣。独居，栖息于珊瑚覆盖率高的礁区的洞穴或盘状珊瑚的背面，最大生活水深 40 m。

分　布 东沙群岛、南沙群岛、西沙群岛、中沙群岛。

双眼斑短鳍蓑鲉 成鱼 全长约12 cm

花斑短鳍蓑鲉 成鱼 全长约12 cm

花斑短鳍蓑鲉 成鱼 全长约12 cm

花斑短鳍蓑鲉 *Dendrochirus zebra*

英文名 Zebra lionfish

特　征 最大全长 20 cm。体白色，具若干棕色宽横带；胸鳍白色，扇状，具放射状的浅褐色条纹和短细丝。独居或集成小群，通常在夜间捕食，栖息于可隐蔽的珊瑚礁石处，最大生活水深 75 m。

分　布 南海近岸、东沙群岛、南沙群岛、西沙群岛、中沙群岛。

触角蓑鲉 *Pterois antennata*

英文名 Spotfin lionfish

特　征 最大全长 20 cm。体灰白色，有数条宽度不一的红棕色横纹，具大斑点的半透明的扇状胸鳍的鳍条呈长细丝状。独居或形成小群生活，栖息于水深 50 m 以浅的沿岸礁坡、潟湖坡和外礁坪的洞穴或缝隙中。

分　布 东沙群岛、南沙群岛、西沙群岛、中沙群岛。

触角蓑鲉 成鱼 全长约16 cm

触角蓑鲉 成鱼 全长约16 cm

触角蓑鲉 成鱼 全长约14 cm

辐纹蓑鲉 成鱼 全长约12 cm

辐纹蓑鲉 成鱼 全长约12 cm

辐纹蓑鲉 *Pterois radiata*

英文名 Clearfin lionfish

特　征 最大全长 18 cm。体具数条白边的棕色宽横带；尾鳍基部有 1 条水平的具白边的带纹，胸鳍鳍条长丝状，胸鳍基部半透明。独居，栖息于水深 3~15 m 的沿岸礁坡和外礁坡。

分　布 南海近岸、东沙群岛、南沙群岛、西沙群岛、中沙群岛。

魔鬼蓑鲉 成鱼 全长约26 cm

魔鬼蓑鲉 成鱼 全长约12 cm

魔鬼蓑鲉 *Pterois volitans*

英文名 Red lionfish

特 征 最大全长 38 m。体有若干红棕色至近黑色的相间排列的横条纹和白线条；胸鳍鳍条有明亮和灰暗的斑带，呈长羽毛状；背鳍、臀鳍和尾鳍有深色斑点。独居，栖息于水深 50 m 以浅的沿岸礁坡、潟湖坡和向海礁坡。

分 布 南沙群岛、西沙群岛、中沙群岛。

大手拟鲉 *Scorpaenopsis macrochir*

英文名 Flasher scorprionfish

特　征 最大全长 13 cm。体色随环境高度多变，尾鳍和尾鳍基部各有一深色横带；背部具发声隆脊。独居或成对，栖息于水深 80 m 以浅的沿岸礁坡的碎石地、杂草地或沙地。

分　布 南海近岸、东沙群岛、南沙群岛、西沙群岛、中沙群岛。

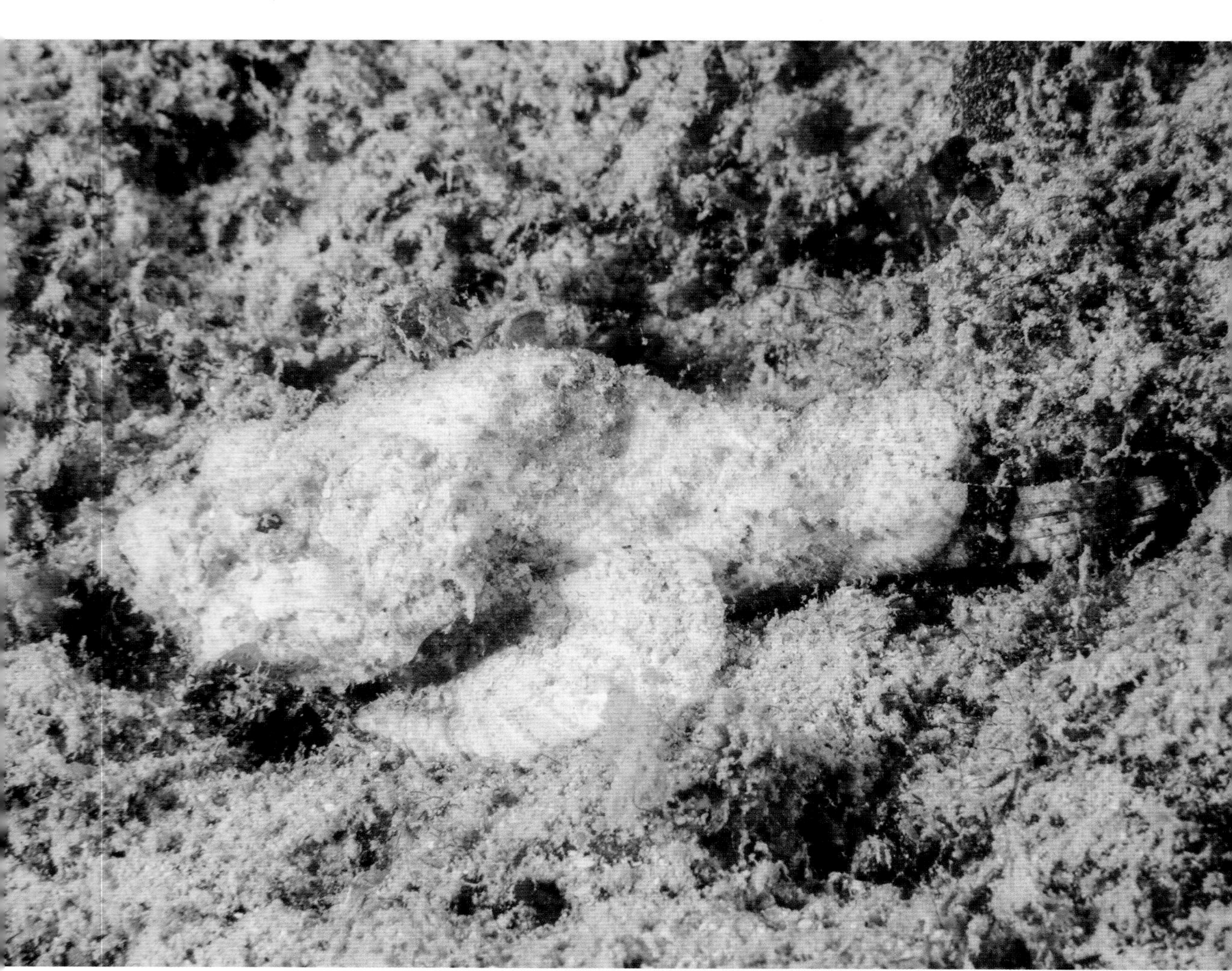

大手拟鲉 成鱼 全长约8 cm 水深18 m

黄斑鳞头鲉 成鱼 全长约5 cm

黄斑鳞头鲉 成鱼 全长约5 cm

黄斑鳞头鲉 *Sebastapistes cyanostigma*

英文名 Yellow-spoted scorpionfish

特　征 最大全长 7 cm。体粉色至浅红色，有若干白色小斑点和黄色斑块，鳍黄色。独居或形成小群，生活在水深 2~15 m 的外礁坡涌浪区的杯形珊瑚分枝间。

分　布 南海近岸、东沙群岛、南沙群岛、西沙群岛、中沙群岛。

红嘴烟鲈 成鱼 全长约30 cm

红嘴烟鲈 成鱼 全长约30 cm

红嘴烟鲈 *Aethaloperca rogaa*

英文名 Redmouth grouper

特　征 最大全长 60 cm。体深灰色至黑色，偶尔为浅橘色；腹部和红色的嘴常有灰白色条纹。独居，常栖息于水深 3~50 m 的珊瑚覆盖率高的向海礁坡洞穴中或附近的礁石下方。

分　布 南海近岸、东沙群岛、南沙群岛、西沙群岛、中沙群岛。

白线光颚鲈 成鱼 全长约50 cm

白线光颚鲈 幼鱼 全长约14 cm

白线光颚鲈 *Anyperodon leucogrammicus*

英文名 Slender grouper

特 征 最大全长 60 cm。体细长，绿灰色至棕灰色，头部和躯干遍布橘红色斑点，具 3~4 条深浅程度随警惕性高低而改变的白色纵纹。独居，栖息于水深 5~80 m 的隐蔽的沿岸礁坡或外礁坪。

分 布 南海近岸、东沙群岛、南沙群岛、西沙群岛、中沙群岛。

查氏鱵鲈 成鱼 全长约10 cm

查氏鱵鲈 *Belonoperca chabanaudi*

英文名 Arrowhead soapfish

特　征 最大全长 15 cm。体纤长，头长而尖；体深蓝灰色，遍布黑色小斑点，尾鳍基部有 1 个黄色斑点，背鳍和腹鳍都具带蓝边的大黑斑。独居，栖息于水深 4~50 m 的外礁坡的洞穴或岩缝中。

分　布 南海近岸、东沙群岛、南沙群岛、西沙群岛、中沙群岛。

斑点九棘鲈 成鱼 全长约25 cm

斑点九棘鲈 *Cephalopholis argus*

英文名 Peacock grouper

特　征 最大全长 60 cm。体棕色，遍布具黑边的蓝色小点，背鳍后部、臀鳍、胸鳍和尾鳍边缘为蓝色。独居或形成由 1 个雄性个体支配的多达 12 个个体的群体，栖息环境多样化，常生活在水深 15 m 以浅的外礁坡。

分　布 南海近岸、东沙群岛、南沙群岛、西沙群岛、中沙群岛。

豹纹九棘鲈 *Cephalopholis leopardus*

英文名 Leopard grouper

特　征 最大全长 18.5 cm。体红色混杂棕色，散布橙红色至粉红色的斑点；尾鳍基部上端并排着一大一小 2 个深棕色马鞍状斑，大斑纹位于小斑纹前面，尾鳍上部有一深棕色纵纹。独居，栖息于水深 35m 以浅的沿岸礁坡、潟湖坡或外礁坪。

分　布 南海近岸、东沙群岛、南沙群岛、西沙群岛、中沙群岛。

豹纹九棘鲈 成鱼 全长约16 cm

豹纹九棘鲈 成鱼 全长约14 cm

青星九棘鲈 成鱼 全长约12 cm

青星九棘鲈 *Cephalopholis miniata*

英文名 Coral grouper

特 征 最大全长 50 cm。体橘红色至红棕色，密布黑边的蓝点，偶尔会出现暗色横带；除胸鳍外其余鳍边缘皆为蓝色。独居，栖息于水深 1~50 m 的沿岸礁坡、潟湖或向海礁坪。

分 布 南海近岸、东沙群岛、南沙群岛、西沙群岛、中沙群岛。

鮨科小知识

鮨科鱼类为较常见的珊瑚礁鱼类之一，体色鲜艳，主要为中型鱼类，不同种类全长跨度较大，体强壮结实，口大且具数行绒毛状牙齿，鳞片中等大小，皮层较厚。肉食性，通过快速张口时形成的吸力猎食小鱼和甲壳类，绒毛状的牙齿可以帮助固定和吞噬猎物。主要栖息于礁石底部或岩石洞口，季节性地产卵，在固定月相、固定区域和精确时间集群并通过往水面冲刺甩卵甩精方式进行繁育。

六斑九棘鲈 *Cephalopholis sexmaculata*

英文名 Saddle grouper

特　征 最大全长 50 cm。体橘红色，有许多蓝色小斑点；头部常具数条线纹，体背有 6~7 个灰白色马鞍状斑纹，一般仅出现在体一侧并延伸至体下部。独居或群体生活，栖息于水深 10~150 m 的外礁坡洞穴中。

分　布 南海近岸、东沙群岛、南沙群岛、西沙群岛、中沙群岛。

六斑九棘鲈 成鱼 全长约32 cm

黑缘尾九棘鲈 *Cephalopholis spiloparaea*

英文名 Strawberry grouper

特　征 最大全长 21 cm。体红色至浅橘红色，混杂着深红色或棕红色，常有模糊的浅色斑点覆盖；尾鳍边缘有蓝色至白色边纹。独居，通常栖息于水深 15~108 m 的外礁坡。

分　布 南海近岸、东沙群岛、南沙群岛、西沙群岛、中沙群岛。

黑缘尾九棘鲈 成鱼 全长约20 cm

尾纹九棘鲈 成鱼 全长约16 cm

尾纹九棘鲈 成鱼 全长约18 cm

尾纹九棘鲈 成鱼 全长约16 cm

尾纹九棘鲈 *Cephalopholis urodeta*

英文名 Flagtail gruoper

特　征 最大全长 27 cm。体棕色至红棕色，由头部向尾鳍颜色逐渐变暗，有时有模糊的浅色横条纹；尾鳍上下各有 1 条白色斜线纹。独居，栖息于水深 60 m 以浅，为珊瑚礁区习见广布种。

分　布 南海近岸、东沙群岛、南沙群岛、西沙群岛、中沙群岛。

横条石斑鱼 成鱼 全长约14 cm

横条石斑鱼 变体成鱼 全长约16 cm

横条石斑鱼 *Epinephelus fasciatus*

英文名 Blacktip grouper

特 征 成鱼：最大全长 36 cm。体色多变，灰绿色、橘黄色、褐色或深红色；常具 5~6 条色彩深浅不一的暗横带。独居，栖息于大陆架沿岸、潟湖或向海礁坡处，生活水深 3~160 m。

变体成鱼：体深红褐色，具若干深色横带；头顶红褐色，具 2 条横跨颈部的浅色环带；背鳍鳍棘上缘常具黑点，但非稳定的性状特征。

分 布 南海近岸、东沙群岛、南沙群岛、西沙群岛、中沙群岛。

六角石斑鱼 成鱼 全长约14 cm

六角石斑鱼 成鱼 全长约16 cm

六角石斑鱼 *Epinephelus hexagonatus*

英文名 Hexagon grouper

特 征 最大全长 26 cm。体白色，密布不同深浅程度的棕色多边形斑点，体上部的斑点一般颜色较浅且边界模糊，背部有 5 块黑色马鞍状纹。独居，栖息于水深 30 m 以浅的外礁坪涌浪区。

分 布 南海近岸、东沙群岛、南沙群岛、西沙群岛、中沙群岛。

蜂巢石斑鱼 成鱼 全长约16 cm

蜂巢石斑鱼 *Epinephelus merra*

英文名 Honeycomb grouper

特　征 最大全长 32 cm。体白色，密布深浅程度各异的棕色带绿边的多边形斑点，有些相邻斑点会融合成深色斑块。独居，栖息于水深 50 m 以浅的沿岸礁坡、潟湖坡或外礁坪的隐蔽区，生活水深通常不超过 20 m。

分　布 南海近岸、东沙群岛、南沙群岛、西沙群岛、中沙群岛。

斑吻石斑鱼 成鱼 全长约16 cm

斑吻石斑鱼 *Epinephelus spilotoceps*

英文名 Foursaddle grouper

特　征 最大全长 31 cm。体白色，密布不同深浅程度的棕色多边形斑点，背部有 4 块马鞍状斑纹。独居，栖息于 20 m 以浅的沿岸礁坡、潟湖坡或外礁坪。

分　布 南海近岸、东沙群岛、南沙群岛、西沙群岛、中沙群岛。

白边纤齿鲈 成鱼 全长约30 cm

白边纤齿鲈 幼鱼 全长约10 cm

白边纤齿鲈 *Gracila albomarginata*

英文名 Masked grouper

特　征 成鱼：最大全长 40 cm。体色由头部向体后部逐渐变深，从棕色渐变至接近黑色；体中部有一矩形大白斑，并具成排的深色窄横带；头部具线状纵带，尾鳍基部具一深色斑。独居，常游弋于开放水域，栖息于较陡峭的外礁坪，生活水深 15~120 m。幼鱼：全长 5~13 cm。体暗紫色至浅紫色，背鳍后部、臀鳍和尾鳍边缘亮红色。独居，栖息于水深 2~20 m 的外礁坪。

分　布 南海近岸、东沙群岛、南沙群岛、西沙群岛、中沙群岛。

六带线纹鱼 成鱼 全长约12 cm

六带线纹鱼 成鱼 全长约12 cm

六带线纹鱼 *Grammistes sexlineatus*

英文名 Sixlined soapfish

特　征 最大全长 27 cm。体黑色，有 6~9 条白色至金色纵条带。独居，栖息于水深 20 m 以浅的潟湖、礁坪或向海礁坡的隐蔽区和缝隙中。

分　布 南海近岸、东沙群岛、南沙群岛、西沙群岛、中沙群岛。

白边侧牙鲈 *Variola albimarginata*

英文名 White-edged lyretail

特　征 最大全长 60 cm。体呈棕黄色、棕粉色或棕红色，头部、躯干和鳍具紫色斑点；尾鳍新月形，末端白色。独居，栖息于水深 4~200 m 的沿岸珊瑚礁、潟湖或外礁坪。

分　布 南海近岸、东沙群岛、南沙群岛、西沙群岛、中沙群岛。

白边侧牙鲈 成鱼 全长约40 cm

白边侧牙鲈 成鱼 全长约40 cm

白边侧牙鲈 幼鱼 全长约8 cm

白边侧牙鲈 幼鱼 全长约8 cm

侧牙鲈 *Variola louti*

英文名 Yellow-edged lyretail

特　征 最大全长 81 cm。体紫色至橘红色至棕色，头部、躯干和鳍都密布紫色至蓝色小点；背鳍后端、臀鳍和尾鳍具新月形的黄色边缘。独居，栖息于水深 3~240 m 的水质清澈的潟湖或外礁坪。

分　布 南海近岸、东沙群岛、南沙群岛、西沙群岛、中沙群岛。

侧牙鲈 成鱼 全长约18 cm 水深10 m

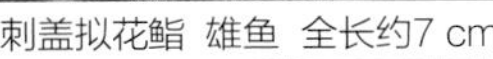

刺盖拟花鮨 雄鱼 全长约7 cm

刺盖拟花鮨 雌鱼 全长约5 cm

刺盖拟花鮨 雌鱼 全长约5 cm

刺盖拟花鮨 *Pseudanthias dispar*

英文名 Redfin anthias

特 征 雄鱼：最大全长 9.5 cm。体橘色至黄色，头部浅紫色至粉色，背鳍亮红色，尾鳍半透明。在栖息的礁石上方 1~3 m 水层形成摄食浮游动物的群体，在求偶期雄性会将背鳍立起，栖息于水深 15 m 以浅的礁崖上缘。

雌鱼：头上部、躯干和鳍棘为橘色至桃红色，头下部灰色；有 2 条从眼睛延伸至胸鳍基部的紫罗兰至浅紫色或黄色的纵纹。常集聚成大群，雌鱼数量远超雄鱼。

分 布 南海近岸、东沙群岛、南沙群岛、西沙群岛、中沙群岛。

高体拟花鮨 雌鱼 全长约8 cm

高体拟花鮨 雌鱼 全长约8 cm

高体拟花鮨 *Pseudanthias hypselosoma*

英文名 Silverstreak anthias

特　征 最大全长 14 cm。体橘色略带薰衣草色调，眼睛至胸鳍具一浅薰衣草色带；尾鳍弱叉状，末端红色。种群中雌性数量远超雄性。成群隐蔽于水深 35 m 以浅的沿岸礁坡或潟湖的珊瑚礁石中。

分　布 南海近岸、东沙群岛、南沙群岛、西沙群岛、中沙群岛。

罗氏拟花鮨 成鱼 全长约9 cm

罗氏拟花鮨 成鱼 全长约9 cm

罗氏拟花鮨 *Pseudanthias lori*

英文名 Lori's anthias

特 征 最大全长 12 cm。体浅紫色至红色，鳞片上有橘色斑点；背部有 3~5 条亮红色的横带，尾鳍基部上缘有 1 条亮红色宽纵带。栖息于水深 25~60 m 的外礁坡或礁崖。

分 布 南海近岸、东沙群岛、南沙群岛、西沙群岛、中沙群岛。

侧带拟花鮨 雄鱼 全长约12 cm

侧带拟花鮨 雄鱼 全长约12 cm

侧带拟花鮨 雌鱼 全长约10 cm

侧带拟花鮨 雌鱼 全长约10 cm

侧带拟花鮨 雄鱼 全长约12 cm

侧带拟花鮨 *Pseudanthias pleurotaenia*

英文名 Squarespot anthias

特 征 雄鱼：最大全长 20 cm。体呈橘红色至洋红色；体两侧有 1 个方形的紫罗兰色斑块，背鳍第三鳍棘延长。栖息于水深 10~180 m 的向海陡坡。群体结构较松散，以 1 条雄鱼支配多条雌鱼，当某条雌鱼的种群地位达到最高时可在 2~3 周性逆转成为雄鱼。种群内雌鱼数量远超雄鱼。

雌鱼：体呈橘黄色，各鳍均为黄色，2 条紫色条纹从眼睛延伸至尾鳍基部。

分 布 南海近岸、东沙群岛、南沙群岛、西沙群岛、中沙群岛。

紫红拟花鮨 雄鱼 全长约12 cm

紫红拟花鮨 *Pseudanthias pascalus*

英文名 Purple queen

特　征 最大全长 17 cm。体紫色，有许多深蓝色至橘色的小斑点；下颌白色，吻部有肉瘤，常有 1 条橘色条纹穿过眼部。成群栖息于 5~60 m 的外礁坡礁石上方，以浮游生物为食。

分　布 南海近岸、东沙群岛、南沙群岛、西沙群岛、中沙群岛。

拟花鮨亚科小知识

拟花鮨亚科的鱼类在珊瑚礁家族中属于小型鱼类，体色鲜艳，常常成群栖息于 15 m 以深的外礁坡，依靠珊瑚礁的庇护在附近觅食浮游动物。鱼群由许多共存的社会性群体组成，群体中包含首领雄鱼、若干其他雄鱼和一群雌鱼及幼鱼组成。雌雄同体，幼鱼期为雌性，在发育过程中受到环境或者群体地位变化的影响可能会转化为雄性。群体中首领雄鱼通常体型更大，体色更鲜艳，各个鳍常常会延长成丝状。为保持群体中地位和获得优先交配权，首领雄鱼常常压制其他体型较小雄鱼，在黄昏时分会通过甩动身体和上下折回游动等求偶方式与雌鱼交配。

伊豆鲻鮨 成鱼 全长约10 cm

伊豆鲻鮨 成鱼 全长约10 cm

伊豆鲻鮨 *Serranocirrhitus latus*

英文名 Hawk anthias

特　征 最大全长 13 cm。体粉色至橙色，体上部的鳞片有黄色斑点；鳃盖上部有亮黄色的大斑点，眼部辐射出黄色条纹。独居或形成小群，常在水深 15~70 m 的外海礁崖处上下游动。

分　布 南海近岸、东沙群岛、南沙群岛、西沙群岛、中沙群岛。

紫红背绣雀鲷 成鱼 全长约6 cm

紫红背绣雀鲷 成鱼 全长约6 cm

紫红背绣雀鲷 *Pictichromis diadema*

英文名 Purpletop dottyback

特　征 最大全长 6 cm。体亮黄色至橘色，吻部至背鳍末端通常有洋红色的色带，但常变短或消失。独居或形成小群，栖息于水深 10~30 m 的陡坡、沿岸礁坡和向海礁坡的裂缝、洞穴或悬崖底部。

分　布 南沙群岛、西沙群岛、中沙群岛。

灰鳍异大眼鲷 *Heteropriacanthus cruentatus*

英文名 Glasseye

特　征 最大全长 32 cm。体色多变，多数为红色至银白色，具明显或模糊的条带或斑纹；各鳍具小斑点，尾鳍扇形。独居或集成小群，白天常在珊瑚岬附近游动，栖息于潟湖或向海礁坡处，生活水深 3~20 m。

分　布 南海近岸、东沙群岛、南沙群岛、西沙群岛、中沙群岛。

灰鳍异大眼鲷 全长约6 cm

巨牙天竺鲷 成鱼 全长约14 cm

巨牙天竺鲷 幼鱼 全长约6 cm

巨牙天竺鲷 *Cheilodipterus macrodon*

英文名 Tiger cardinalfish

特 征 最大全长 25 cm。体型较大，体灰白色，有 8 条红棕色纵条带；尾鳍基部白色，并有深色横纹；大牙齿尖锐突出。独居，雄鱼将卵置于口中孵化，栖息于水深 40 m 以浅的沿岸礁坡、潟湖坡和外礁坪，喜欢隐蔽于礁坡或礁坪的洞穴周围。

分 布 南海近岸、东沙群岛、南沙群岛、西沙群岛、中沙群岛。

五带巨牙天竺鲷 成鱼 全长约5 cm

五带巨牙天竺鲷 幼鱼 全长约2.5 cm

五带巨牙天竺鲷 *Cheilodipterus quinquelineatus*

英文名 Five-lined cardinalfish

特　征 最大全长 12.5 cm。体亮灰色至白色，有 5 条黑色纵条带，尾鳍基部黄色；位于正中间的纵带延伸至尾鳍基部，末端具一黑色斑点；下颌缺少锋利的尖牙齿。群居，栖息于水深 40 m 以浅的沿岸礁坡、潟湖坡和外礁坪。

分　布 东沙群岛、南沙群岛、西沙群岛、中沙群岛。

颊纹圣天竺鲷 全长约5 cm

颊纹圣天竺鲷 全长约5 cm

颊纹圣天竺鲷 *Nectamia bandanensis*

英文名 Banda cardinalfish

特 征 最大全长 10 cm。体棕色，眼下方有一深色楔形斑纹；尾鳍基部白色，有一深色棒状纹；每个背鳍下方常具有棕色宽条纹。独居或小群生活，隐藏于珊瑚分枝间，生活水深为 1~12 m。

分 布 南海近岸、东沙群岛、南沙群岛、西沙群岛、中沙群岛。

萨摩亚圣天竺鲷 全长约4 cm

萨摩亚圣天竺鲷 全长约4 cm

萨摩亚圣天竺鲷 全长约5 cm

萨摩亚圣天竺鲷 *Nectamia savayensis*

英文名 Samoan cardinalfish

特 征 最大全长 11 cm。体棕色，背部深色，通常有黄铜色和银色光泽；眼下有一边缘尖锐的条纹，尾鳍基部上方有一深色马鞍状斑。群居，常隐蔽在鹿角珊瑚枝状结构中，栖息于水深 22 m 以浅的向海礁坡。

分 布 南海近岸、东沙群岛、南沙群岛、西沙群岛、中沙群岛。

纵带鹦天竺鲷 全长约5 cm

纵带鹦天竺鲷 全长约5 cm

纵带鹦天竺鲷 *Ostorhinchus angustatus*

英文名 Striped cardinalfish

特　征 最大全长 9 cm。体白色，有 5 条深棕色纵带；体侧中间的纵带在尾鳍基部末端膨大变成黑色斑点。独居或小群生活，栖息于水深 5~65 m 的水质清澈的向海礁坡洞穴或岩缝中。

分　布 台湾、东沙群岛、南沙群岛、西沙群岛、中沙群岛。

金线鹦天竺鲷 成鱼 全长约5 cm

金线鹦天竺鲷 成鱼 全长约7 cm

金线鹦天竺鲷 *Ostorhinchus cyanosoma*

英文名 Yellowstriped cardinalfish

特 征 最大全长 8 cm。体银蓝色至粉白色，有 6 条橘黄色纵带，其中眼上部后面的条带较短，只延长到体中部。独居，成对生活或群体生活，常栖息于水深 40 m 以浅的沿岸礁坡、潟湖或海草床的隐蔽区域。

分 布 南海近岸、东沙群岛、南沙群岛、西沙群岛、中沙群岛。

詹金斯鹦天竺鲷 成鱼 全长约7 cm

詹金斯鹦天竺鲷 成鱼 全长约7 cm

詹金斯鹦天竺鲷 *Ostorhinchus jenkinsi*

英文名 Spotnape cardinalfish

特　征 最大全长 9 cm。体呈紫褐色，具 2 条黑色纵带：1 条始于吻部，贯穿眼睛，另 1 条位于背鳍基部；两侧的颈部各具 1 个小黑斑，尾鳍具 1 个较大的黑斑。群居，栖息于大陆架沿岸、潟湖或向海礁坡，生活水深 8~45 m。

分　布 东沙群岛、南沙群岛、西沙群岛、中沙群岛。

黑带鹦天竺鲷 *Ostorhinchus nigrofasciatus*

英文名 Blackstripe cardinalfish

特　征 最大全长 8 cm。体交替出现黑色和浅黄色的纵纹，体中部侧线不延伸至尾鳍。独居或成对，栖息于水深 3~50 m 的潟湖、向海礁坪或礁崖壁的裂缝或洞穴中。

分　布 南海近岸、东沙群岛、南沙群岛、西沙群岛、中沙群岛。

黑带鹦天竺鲷 全长约3 cm 水深12 m

天竺鲷科小知识

天竺鲷科的鱼类与其他珊瑚礁鱼类相比体型较小，眼睛大，吻部短，嘴巴倾斜中等大，具 2 个短而分明的背鳍。白天天竺鲷常会躲藏在珊瑚丛中，或隐蔽在礁石缝下面，傍晚会离开庇护所一整晚觅食浮游动物或小型底栖甲壳动物。天竺鲷因雄鱼把卵置于口孵化而闻名，在鱼卵孵化前几天，可以通过雄鱼张开的嘴巴观察到这一现象。

西尔鹦天竺鲷 成鱼 全长约7 cm

西尔鹦天竺鲷 成鱼 全长约7 cm

西尔鹦天竺鲷 *Ostorhinchus sealei*

英文名 Bargili cardinalfish

特　征 最大全长 9 cm。体浅黄色，体上部具 1 对棕色细纵带，尾鳍基部中央具一深色小斑点；鳃盖上具一蓝白色斑点，斑点上有 2 条橙色环带。群居，常隐蔽在鹿角珊瑚的枝丛间，栖息于有庇护作用的珊瑚礁区，生活水深 2~25 m。

分　布 南沙群岛、西沙群岛、中沙群岛。

沃氏鹦天竺鲷 成鱼 全长约6 cm

沃氏鹦天竺鲷 幼鱼 全长约2.5 cm

沃氏鹦天竺鲷 *Ostorhinchus wassinki*

英文名 Wassinki cardinalfish

特　征 最大全长 6 cm。体暗橘黄色，具 5 条银灰色纵带，其中位于中下部的纵带由头部延伸至体后部。独居、成对或集成小群，栖息于水深 2~15 m 的大陆架沿岸，偏爱淤泥底质的水域。

分　布 东沙群岛、南沙群岛、西沙群岛、中沙群岛。

犬牙拟天竺鲷 成鱼 全长约7 cm

犬牙拟天竺鲷 成鱼 全长约7 cm

犬牙拟天竺鲷 *Pseudamia gelatinosa*

英文名 Gelatinous cardinalfish

特 征 最大全长 10 cm。体型非常细长，尾柄长，尾鳍圆形；体呈浅紫色至粉色，具深色小点排列成的条纹，尾鳍基部有暗色的斑点。独居，夜间活动，栖息于水深 40 m 以浅的潟湖或沿岸珊瑚礁坡隐蔽处。

分 布 南沙群岛、西沙群岛、中沙群岛。

单线棘眼天竺鲷 成鱼 全长约8 cm

单线棘眼天竺鲷 *Pristiapogon exostigma*

英文名 Narrowstripe cardinalfish

特 征 最大全长 12 cm。体粉红色至银灰色，具 1 条从眼睛延伸至尾鳍基部的逐渐变细的纵纹；尾鳍基部有一深色圆斑。独居或群居，栖息于水深 3~20m 的珊瑚岬、潟湖边缘或向海礁坡。

分 布 南海近岸、东沙群岛、南沙群岛、西沙群岛、中沙群岛。

黑带长鳍天竺鲷 全长约5 cm

黑带长鳍天竺鲷 *Taeniamia zosterophora*

英文名 Girdled cardinalfish

特 征 最大全长 6.5 cm。体浅灰色，鳃盖具 1 对浅红色细横带，体中部具 1 条深褐色宽横带，尾鳍基部具一黑斑。群居，隐蔽于海湾或潟湖内的珊瑚枝丛间，生活水深 2~15 m。

分 布 南海近岸、东沙群岛、南沙群岛、西沙群岛、中沙群岛。

燕尾箭天竺鲷 全长约4 cm

燕尾箭天竺鲷 全长约4 cm

燕尾箭天竺鲷 *Verulux cypselurus*

英文名 Black-nosed cardinalfish

特　征 最大全长 6 cm。体半透明，在头部和腹部有黄色的光泽，吻部有黑色斑点或短条纹，尾鳍边缘黑色。群居，常隐蔽于水深 2~15 m 的近岸珊瑚礁或潟湖的洞穴附近的块状珊瑚中。

分　布 南沙群岛、西沙群岛、中沙群岛。

小棘狸天竺鲷 全长约4 cm

小棘狸天竺鲷 全长约4 cm

小棘狸天竺鲷 *Zoramia leptacantha*

英文名 Threadfin cardinalfish

特 征 最大全长 6 cm。体白色，半透明，背部呈淡彩虹色；虹膜蓝色，头部后缘和体前部有带橘色边的蓝色条纹，第一背鳍长而尖。群居，通常隐蔽在水深 2~12 m 的枝状珊瑚中。

分 布 南海近岸、东沙群岛、南沙群岛、西沙群岛、中沙群岛。

斯氏似弱棘鱼 *Hoplolatilus starcki*

英文名 Bluehead tilefish

特 征 最大全长 15 cm。体黄棕色，头部亮蓝色，尾鳍亮黄色。幼鱼天蓝色且无斑纹。通常成对生活，栖息于水深 20~105 m 的外礁坡的沙地或碎石洞穴上方。

分 布 南沙群岛、西沙群岛、中沙群岛。

斯氏似弱棘鱼 全长约12 cm

短吻弱棘鱼 成鱼 全长约14 cm

短吻弱棘鱼 成鱼 全长约14 cm

短吻弱棘鱼 *Malacanthus brevirostris*

英文名 Flagtail blanquillo

特　征 最大全长 30 cm。体浅蓝色，头部浅黄色；体具模糊的横带，尾鳍具 1 对黑条纹。常成对出没在礁石下的沙底质洞穴附近，游动体态为扭动式甩尾，栖息于水深 14~45 m 的具有沙和碎石的向海礁坡。

分　布 南海近岸、东沙群岛、南沙群岛、西沙群岛、中沙群岛。

侧条弱棘鱼 成鱼 全长约16 cm

侧条弱棘鱼 成鱼 全长约16 cm

侧条弱棘鱼 *Malacanthus latovittatus*

英文名 Blue blanquillo

特 征 最大全长 44 cm。头部蓝色，背部蓝色至蓝绿色，体下方颜色较浅；体中部具 1 条延伸至尾鳍的黑色宽纵带。独居或成对，受惊吓后会快速逃离，栖息于水深 5~30 m 的沙质底或碎石质底。

分 布 南海近岸、东沙群岛、南沙群岛、西沙群岛、中沙群岛。

䲟 变体成鱼 全长约75 cm

䲟 变体成鱼 全长约75 cm

䲟 变体成鱼 全长约75 cm

䲟 变体成鱼 全长约75 cm

䲟 *Echeneis naucrates*

英文名 Sharksucker

特 征 成鱼：最大全长 90 cm。体延长，头上部具吸盘；体浅灰色至接近黑色，具 1 条贯穿头尾的黑色带白边的纵带。常靠近或吸附在鲨鱼、海龟、蝠鲼等大型动物身上，极少自由游动，有时会试图吸附在潜水员身上，栖息于环热带海域。

变体成鱼：体浅灰色，具贯穿眼睛的暗色纵带。自由游动时，头顶的吸盘清晰可见。

分 布 南海近岸、东沙群岛、南沙群岛、西沙群岛、中沙群岛。

平线若鲹 *Carangoides ferdau*

英文名 Blue trevally

特　征 最大全长 70 cm。体银色，背鳍后部、臀鳍和尾鳍均为黄绿色，体侧常分布 5~10 条不等的 V 形带纹。群体生活，栖息于潟湖坡和外礁坪，常见于水深 60 m 以浅的沙质底上方。

分　布 南海近岸、东沙群岛、南沙群岛、西沙群岛、中沙群岛。

平线若鲹 全长约25 cm

平线若鲹 全长约25 cm

直线若鲹 全长约25 cm

直线若鲹 *Carangoides orthogrammus*

英文名 Yellow-spotted trevally

特　征 最大全长 70 cm。体银色，体两侧均有黄色的斑点；鳍蓝色，体侧有时有模糊的深色条纹。独居或小群生活，通常栖息于水深 3~160 m 潟湖、水道和外礁坪的沙地周围。

分　布 南海近岸、东沙群岛、南沙群岛、西沙群岛、中沙群岛。

珍鲹 全长约110 cm 水深12 m

珍鲹 *Caranx ignobilis*

英文名 Giant trevally

特　征 最大全长 165 cm。体型大，额部陡直；体表银色，散布许多小黑点；胸鳍基部具一小块黑斑。常独居，栖息于水深 80 m 以浅的向海礁坡。

分　布 南海近岸、东沙群岛、南沙群岛、西沙群岛、中沙群岛。

黑尻鲹 全长约35 cm

黑尻鲹 全长约50 cm

黑尻鲹 *Caranx melampygus*

英文名 Bluefin trevally

特　征 最大全长 100 cm。体银色至绿色，具许多闪光的蓝色点斑，躯干中上部密布黑色小点，各鳍皆为蓝色或部分蓝色。独居或大群生活，栖息于各种各样的珊瑚礁，常见于水深 190 m 以浅的外礁坪，可在局部形成高栖息密度。

分　布 南海近岸、东沙群岛、南沙群岛、西沙群岛、中沙群岛。

纺锤鰤 *Elagatis bipinnulata*

英文名 Rainbow bunner

特　征 最大全长 120 cm。全长而纤细，银橄榄蓝色；体侧均有 2 条亮蓝色纵纹，其间通常夹有 1 条橄榄绿色或浅黄色的宽纵纹。群居，常见于水深 150 m 以浅的外礁坪。

分　布 东沙群岛、南沙群岛、西沙群岛、中沙群岛。

纺锤鰤 全长约80 cm

长颌似鲹 *Scomberoides lysan*

英文名 Double-spotted queenfish

特　征 最大全长 70 cm。体银白色，体沿侧线上下侧各具 1 排（6~8 个）的深色圆点；背鳍末端具一黑斑。常集成小群，栖息于水深 100 m 以浅的大陆架沿岸、潟湖或外礁坡。

分　布 南海近岸、东沙群岛、南沙群岛、西沙群岛、中沙群岛。

长颌似鲹 全长约50 cm

长颌似鲹 全长约50 cm

叉尾鲷 *Aphareus furca*

英文名 Smalltooth jobfish

特　征 最大全长 55 cm。体细长，蓝灰色；口大，尾鳍大且呈叉状，胸鳍长；鳃盖后缘有黑色细条纹。独居或小群生活，栖息于水深 5~100 m 的潟湖或向海礁坡。

分　布 南海近岸、东沙群岛、南沙群岛、西沙群岛、中沙群岛。

叉尾鲷 成鱼 全长约28 cm

蓝短鳍笛鲷 成鱼 全长约40 cm

蓝短鳍笛鲷 *Aprion virescens*

英文名 Green jobfish

特 征 最大全长 110 cm。体细长，圆柱形，深绿色至蓝色至蓝灰色；尾鳍深叉状；胸鳍短，无明显斑纹。通常为独居，栖息于水深 5~150 m 的潟湖、礁石间水道或外礁坡。

分 布 南海近岸、东沙群岛、南沙群岛、西沙群岛、中沙群岛。

焦黄笛鲷 成鱼 全长约8 cm

焦黄笛鲷 *Lutjanus fulvus*

英文名 Blacktail snapper

特 征 最大全长 40 cm。体银白色至黄色或褐色，尾鳍黑色，胸鳍、腹鳍和臀鳍均为黄色。独居或散群，栖息于水深 75 m 以浅的沿岸礁坡、潟湖或外礁坡。

分 布 南海近岸、东沙群岛、南沙群岛、西沙群岛、中沙群岛。

白斑笛鲷 成鱼 全长约45 cm

白斑笛鲷 亚成鱼 全长约6 cm

白斑笛鲷 *Lutjanus bohar*

英文名 Red snapper

特 征 成鱼：最大全长 75 cm。体型大而粗壮；体红色至红灰色，眼前方有明显的沟槽，胸鳍上缘深色。独居或形成小群，栖息于水深 5~150 m 的潟湖或外礁坡。

亚成鱼：体灰棕色，第二背鳍的起点和终点下方各有一白色斑点；尾鳍透明且上下缘为黑色。

分 布 南海近岸、东沙群岛、南沙群岛、西沙群岛、中沙群岛。

隆背笛鲷 成鱼 全长约12 cm

隆背笛鲷 成鱼 全长约12 cm

隆背笛鲷 *Lutjanus gibbus*

英文名 Humpback snapper

特　征 最大全长 50 cm。体红色至灰色；尾鳍褐红色，叉状，尾叶后缘钝圆；颈背和背前部隆起，胸鳍基部橘色。独居或形成小群，栖息于水深 1~150 m 的潟湖、水道或外礁坡。

分　布 南海近岸、东沙群岛、南沙群岛、西沙群岛、中沙群岛。

四线笛鲷 成鱼 全长约12 cm

四线笛鲷 *Lutjanus kasmira*

英文名 Bluestripe snapper

特　征 最大全长 35 cm。体上部亮黄色，有 4 条蓝色纵条带，腹部白色且有浅灰色至黄色的纵纹。通常聚集在礁凸起周围，栖息于水深 35 m 以浅的沿岸礁坡或外礁坡。

分　布 南海近岸、东沙群岛、南沙群岛、西沙群岛、中沙群岛。

斑点羽鳃笛鲷 亚成鱼 全长约30 cm 水深18 m

斑点羽鳃笛鲷 *Macolor macularis*

英文名 Midnight snapper

特　征 最大全长 60 cm。体黑色，头部下方至胸鳍常具金色底色，虹膜金色；鳞片具细线纹，头部具蓝色的小点和线纹；体上部具若干白色斑点，鳃盖后方至尾鳍具一白色纵带。独居或集成小群，栖息于水深 5~50 m 的外礁崖、水道或外礁坡。

分　布 南海近岸、东沙群岛、南沙群岛、西沙群岛、中沙群岛。

黑背羽鳃笛鲷 成鱼 全长约45 cm

黑背羽鳃笛鲷 幼鱼 全长约10 cm

黑背羽鳃笛鲷 *Macolor niger*

英文名 Black snapper

特　征 成鱼：最大全长 60 cm。体灰色至棕灰色，有许多不明显的斑块，头部没有蓝色的线条或斑点；眼大，虹膜暗金色。独居或形成集群，栖息于水深 3~90 m 的潟湖、水道或外礁坪的斜坡处。

幼鱼：全长 4~15 cm。体有明显的黑白图案，尾叶两尖端为白色。独居，游动时动作急促，栖息于水深 5~15 m 的礁盘斜坡上缘。

分　布 南海近岸、东沙群岛、南沙群岛、西沙群岛、中沙群岛。

新月梅鲷 *Caesio lunaris*

英文名 Lunar fusilier

特　征 最大全长 40 cm。体银蓝色；尾鳍上下叶末端均为黑色，一排黑色小点连成弓状侧线。幼鱼尾鳍黄色，上下叶末端均为黑色。大群生活，常与其他梅鲷科鱼类混合成群，栖息于水深 30 m 以浅的礁坡的上缘、沿岸区域或向海礁坡。

分　布 南海近岸、东沙群岛、南沙群岛、西沙群岛、中沙群岛。

新月梅鲷 幼鱼 全长约5 cm

黄蓝背梅鲷 *Caesio teres*

英文名 Blue and yellow fusilier

特　征 最大全长 40 cm。体银蓝色，体背后半部至尾鳍基部下侧和尾鳍为黄色，胸鳍基部有一个黑色大斑点。群居，常混于其他梅鲷科鱼类中，栖息于水深 30 m 以浅的礁斜坡上缘、沿岸礁石或向海礁坡。

分　布 南海近岸、东沙群岛、南沙群岛、西沙群岛、中沙群岛。

黄蓝背梅鲷 成鱼 全长约12 cm

黄蓝背梅鲷 幼鱼 全长约5 cm

黄蓝背梅鲷 幼鱼 全长约3 cm

黑带鳞鳍梅鲷 全长约10 cm

黑带鳞鳍梅鲷 全长约16 cm

黑带鳞鳍梅鲷 全长约16 cm 夜潜拍摄

黑带鳞鳍梅鲷 *Pterocaesio tile*

英文名 Bluestreak fusilier

特 征 最大全长 25 cm。体银蓝色，背部有数条由深色鳞片组成的纵纹，下方有 1 条深色宽纵带；鳃盖至尾鳍有一荧光蓝色的宽纵带，尾叶均有黑色条纹。大部分个体在警惕敌害或者夜晚时体色会变红，特别是身体下半部分。群居，常和其他梅鲷科鱼类混合成群，栖息于水深 60 m 以浅的水体清澈的礁坡或礁坪。

分 布 南海近岸、东沙群岛、南沙群岛、西沙群岛、中沙群岛。

伦氏鳞鳍梅鲷 成鱼 全长约10 cm

伦氏鳞鳍梅鲷 *Pterocaesio randalli*

英文名 Randall's fusilier

特 征 最大全长 25 cm。体银蓝色至红蓝色或蓝绿色；体前部有一大的延长的黄色斑块，尾鳍末端黑色至浅红色。群居，经常和其他梅鲷科鱼类混合集群，栖息于水深 30 m 以浅的陡坡、沿岸礁坡、潟湖坡或向海礁坡。

分 布 南沙群岛、西沙群岛、中沙群岛。

斑尾鳞鳍梅鲷 成鱼 全长约8 cm

斑尾鳞鳍梅鲷 *Pterocaesio pisang*

英文名 Ruddy fusilier

特 征 最大全长 21 cm。体色多变，主要为蓝色、蓝绿色和银红色或者上述颜色混合；尾鳍末端红色至黑色，吻部和虹彩为黄色。集成大群，常与其他种类的鳞鳍梅鲷混合在一起，栖息于水深 30 m 以浅的礁崖、大陆架沿岸浅水区或向海礁坪。

分 布 东沙群岛、南沙群岛、西沙群岛、中沙群岛。

斑胡椒鲷 成鱼 全长约50 cm

斑胡椒鲷 成鱼 全长约45 cm

斑胡椒鲷 幼鱼 全长约3 cm

斑胡椒鲷 幼鱼 全长约2 cm

斑胡椒鲷 *Plectorhinchus chaetodonoides*

英文名 Many-spotted sweetlips

特 征 成鱼：最大全长 50 cm。体白色至浅黄色至浅绿色，遍布许多深棕色斑点；腹部白色，没有斑纹。通常独居，常栖息于水深 2~30 m 的沿岸礁坡、潟湖或向海礁坡的暗礁附近。幼鱼：全长 2~7 cm。体棕色，体侧有若干带黑边的白色大斑点。以特有的摇晃方式游动，体型很小的幼鱼形似有毒的扁虫。独居，喜欢躲在隐蔽处。

分 布 南海近岸、东沙群岛、南沙群岛、西沙群岛、中沙群岛。

条斑胡椒鲷 *Plectorhinchus vittatus*

英文名 Oriental sweetlips

特　征 最大全长 60 cm。体呈白色，具多道贯穿体前后的黑色粗纵纹，唇和鳍呈黄色，背鳍、臀鳍和尾鳍有斑点。独居或形成小群，喜夜间活动，栖息于水深 2~25 m 的沿岸礁坡、潟湖或向海礁坡。

分　布 南海近岸、东沙群岛、南沙群岛、西沙群岛、中沙群岛。

条斑胡椒鲷 成鱼 全长约22 cm

黄带锥齿鲷 成鱼 全长约12 cm

黄带锥齿鲷 *Pentapodus aureofasciatus*

英文名 Yellow-striped whiptail

特 征 最大全长25 cm。背部蓝色，腹部白色；体中部具1条黄色纵带，背部具1条淡黄色纵纹。独居或成对生活，栖息于水深5~20 m的具有礁石的沙质底的中上层。

分 布 南沙群岛、西沙群岛、中沙群岛。

榄斑眶棘鲈 成鱼 全长约15 cm

榄斑眶棘鲈 *Scolopsis xenochrous*

英文名 Pearl-streaked monocle bream

特 征 最大全长22 m。体呈棕色，下部苍白，后部后缘有一带褐色边的蓝色斜条纹，其后有一系列的棕色小斑点以及延长的有珍珠光泽的条纹。独居或群居，栖息于水深5~50 m的近岸珊瑚礁、潟湖或外海礁坡的碎石区域。

分 布 南海近岸、东沙群岛、南沙群岛、西沙群岛、中沙群岛。

双带眶棘鲈 *Scolopsis bilineata*

英文名 Bridled monocle bream

特　征 成鱼：最大全长 25 cm。体上部深灰色至深黄色，体下部白色；眼下有 1 条带黑边的白色条带延伸至背鳍末端，头上部有 3 条黄色至白色的纵纹。独居或形成小群，栖息于水深 25 m 以浅的沙和碎石混合的礁区边界地带。

幼鱼：全长 3~5 cm。体上部具黑黄相间的纵纹，体下部白色；背鳍有一大黑斑。栖息于珊瑚礁区边缘的沙底或碎石底。

分　布 南海近岸、东沙群岛、南沙群岛、西沙群岛、中沙群岛。

双带眶棘鲈 成鱼 全长约14 cm

双带眶棘鲈 成鱼 全长约14 cm

双带眶棘鲈 成鱼 全长约14 cm

双带眶棘鲈 幼鱼 全长约4 cm

金带齿颌鲷 成鱼 全长约15 cm

金带齿颌鲷 成鱼 全长约15 cm 夜潜拍摄

金带齿颌鲷 *Gnathodentex aureolineatus*

英文名 Striped large-eye bream

特　征 最大全长 30 cm。体银白色至棕色，体背部具成排的深色鳞片，体两侧各有 4~5 条棕色至金色的纵纹，背鳍后部下方有橘黄色斑块。独居或群居，栖息于水深 2~30 m 的沿岸浅水礁坡、潟湖和外礁坡。

分　布 南海近岸、东沙群岛、南沙群岛、西沙群岛、中沙群岛。

眉裸顶鲷 成鱼 全长约20 cm 水深10 m

眉裸顶鲷 成鱼 全长约30 cm

眉裸顶鲷 *Gymnocranius superciliosus*

英文名 Eyebrowed large-eye bream

特 征 最大全长 45 cm。体银灰色，眼睛上部有一形似眉毛的深色纹；一道深色眼带从眼睛延伸至头部下方；侧线上部具有由黑点排列出的模糊线纹；尾鳍叉状。独居或形成小群，栖息于水深 10~40 m 的临近珊瑚礁的沙质底或碎石质底。

分 布 南沙群岛。

扁裸颊鲷 成鱼 全长约40 cm

扁裸颊鲷 成鱼 全长约40 cm

扁裸颊鲷 成鱼 全长约30 cm 夜潜拍摄

扁裸颊鲷 *Lethrinus lentjan*

英文名 Pink ear emperor

特　征 最大全长 50 cm。体淡银灰色，鳃盖后缘有一亮红色斑纹。独居或群居，栖息于水深 10~50 m 的沿岸礁坡、潟湖或外礁坡的沙地。

分　布 南海近岸、东沙群岛、南沙群岛、西沙群岛、中沙群岛。

黄唇裸颊鲷 *Lethrinus xanthochilus*

英文名 Yellow lip emperor

特　征 最大全长 60 cm。体延长，无斑纹，呈浅银灰色至橄榄绿色，某些个体具大小不一的斑点或斑块；上唇黄色，胸鳍基部具一黄色至橙色的斑点。独居或集成小群，栖息于沙混合碎石的礁坪的周边区域，生活水深 5~30 m。

分　布 南海近岸、东沙群岛、南沙群岛、西沙群岛、中沙群岛。

黄唇裸颊鲷　成鱼　全长约55 cm

异牙单列齿鲷 成鱼 全长约20 cm

异牙单列齿鲷 成鱼 全长约15 cm

异牙单列齿鲷 成鱼 全长约20 cm

异牙单列齿鲷 幼鱼 全长约8 cm

异牙单列齿鲷 *Monotaxis heterodon*

英文名 Redfin bream

特　征 成鱼：最大全长 35 cm。体背部灰色或棕色，具 3 条白色细横纹；胸鳍基部具一黑斑，尾鳍红色至黄色。独居或成群，栖息于水深 100 m 以浅的沿岸礁坡、潟湖或外礁坡。

幼鱼：全长 4~10 cm。体背部深黑色，具 3 条白色细横纹；胸鳍基部具一黑斑，体下部灰色，尾鳍红色至黄色。

分　布 南海近岸、东沙群岛、南沙群岛、西沙群岛、中沙群岛。

单列齿鲷 成鱼 全长约40 cm 夜潜拍摄

单列齿鲷 变体成鱼 全长约35 cm

单列齿鲷 幼鱼 全长约15 cm

单列齿鲷 幼鱼 全长约12 cm

单列齿鲷 成鱼 全长约40 cm

单列齿鲷 *Monotaxis grandoculis*

英文名 Humpnose bigeye bream

特 征 成鱼：最大全长 60 cm。体银灰色，鳞片边缘深色；上嘴唇常为浅黄色，鳃盖后部常有浅黄色横条纹；胸鳍基部有黑色斑点，尾鳍边缘深色。独居或形成小群，栖息于水深 100 m 以浅的沿岸礁坡、潟湖或外礁坡。

变体成鱼：体背部黑色，具 2 条白色横纹，体侧线以下为银色；上唇和鳃盖后横纹为黄色；尾鳍上下缘黑色。

幼鱼：全长 4~10 cm。体白色，1 条黑色窄横带穿过眼部；黑色宽横带分别从颈背、第一背鳍及第二背鳍处延伸至体侧中线；尾鳍叉状，呈淡黄色，上下叶常各具 1 条黑色条纹。

分 布 南海近岸、东沙群岛、南沙群岛、西沙群岛、中沙群岛。

黄带拟羊鱼 全长约16 cm

黄带拟羊鱼 全长约16 cm

黄带拟羊鱼 *Mulloidichthys flavolineatus*

英文名 Yellowstripe goatfish

特　征 最大全长 40 cm。体银白色，有 1 条不明显的黄色纵带，黄色纵带上有 1 个可迅速褪色的暗斑。白天形成稳定的集群，栖息于水深 1~76 m 可隐蔽的珊瑚礁或外礁坡沙质底。

分　布 南海近岸、东沙群岛、南沙群岛、西沙群岛、中沙群岛。

无斑拟羊鱼 全长约12 cm

无斑拟羊鱼 全长约20 cm

无斑拟羊鱼 全长约18 cm

无斑拟羊鱼 *Mulloidichthys vanicolensis*

英文名 Yellowfin goatfish

特　征 最大全长 38 cm。体蓝白色，背部浅黄色，鳍黄色，眼睛至尾鳍基部有 1 条黄色纵带。白天形成稳定的集群，夜晚单独捕食栖息于沙地附近的动物，栖息于水深 113 m 以浅的沿岸礁坡、潟湖或外礁坡。

分　布 东沙群岛、南沙群岛、西沙群岛、中沙群岛。

条斑副绯鲤 *Parupeneus barberinus*

英文名 Dash-dot goatfish

特　征 最大全长 53 cm。体白色，背部呈灰白色至黄色；黑色的纵带从唇延伸至第二背鳍基部，尾鳍基部有一大黑斑。独居或形成小群，栖息于水深 100 m 以浅的沙质或碎石质的礁坪附近。

分　布 南沙群岛、西沙群岛、中沙群岛。

条斑副绯鲤 全长约25 cm

条斑副绯鲤 全长约35 cm

条斑副绯鲤 全长约35 cm

粗唇副绯鲤 全长约25 cm

粗唇副绯鲤 全长约20 cm

粗唇副绯鲤 *Parupeneus crassilabris*

英文名 Doublebar goatfish

特　征 最大全长 38 cm。体白色至紫色或黄色，鳞片有橙色斑点；眼周有黑斑，体侧 2 条黑色的横纹或 2 个大斑点分别位于两个背鳍下方，且第一条横纹或大斑点延伸至胸鳍基部。独居，栖息于 80 m 以浅的沿岸礁坡、潟湖坡或外礁坪。

分　布 东沙群岛、南沙群岛、西沙群岛、中沙群岛。

圆口副绯鲤 全长约25 cm

圆口副绯鲤 全长约20 cm

圆口副绯鲤 全长约20 cm

圆口副绯鲤 *Parupeneus cyclostomus*

英文名 Goldsaddle goatfish

特　征 最大全长 50 cm。体色高度多变，由紫色、棕色、灰色、绿色和黄色的多种组合构成，眼周有蓝线纹，尾鳍基部上端通常有 1 个黄色马鞍状斑。栖息于水深 2~125 m 的沿岸礁坡、潟湖坡或外礁坪。

分　布 南海近岸、东沙群岛、南沙群岛、西沙群岛、中沙群岛。

多带副绯鲤 全长约25 cm

多带副绯鲤 全长约25 cm

多带副绯鲤 全长约15 cm

多带副绯鲤 *Parupeneus multifasciatus*

英文名 Manybar goatfish

特　征 最大全长 30 cm。体亮灰色至棕色、紫色或红色，有 3~4 条宽度不一、黑白相间的横纹，眼部有黑色纵纹。独居，栖息于水深 140 m 以浅的珊瑚礁及其邻近的沙或碎石地。

分　布 东沙群岛、南沙群岛、西沙群岛、中沙群岛。

黑斑副绯鲤 全长约16 cm

黑斑副绯鲤 全长约20 cm

黑斑副绯鲤 *Parupeneus pleurostigma*

英文名 Sidespot goatfish

特　征 最大全长 33 cm。体色多变，具黄灰色、紫灰色和亮红色等多种体色；体中部有 1 块大黑斑，其后有 1 块椭圆形白斑，第二背鳍下方黑色。独居，白天摄食，栖息于水深 1~75 m 的珊瑚礁附近的沙底或碎石地。

分　布 东沙群岛、南沙群岛、西沙群岛、中沙群岛。

红海副单鳍鱼 全长约5 cm

红海副单鳍鱼 全长约5 cm

红海副单鳍鱼 *Parapriacanthus ransonneti*

英文名 Golden sweeper

特 征 最大全长 10 cm。体呈半透明的金棕色，头部黄色；形似天竺鲷科鱼类，但仅有 1 个背鳍。在洞穴、岩架底部或鹿角珊瑚群底部形成紧密的庞大集群，栖息于水深 3~30 m 的近岸、潟湖或外礁坪。

分 布 南海近岸、东沙群岛、南沙群岛、西沙群岛、中沙群岛。

黑稍单鳍鱼 成鱼 全长约16 cm

黑稍单鳍鱼 *Pempheris oualensis*

英文名 Copper sweeper

特　征 最大全长 22 cm。体棕铜色，第一背鳍的前缘和尖端均呈黑色，胸鳍基部有 1 个黑色斑点（臀鳍和尾鳍没有黑斑）。在洞穴里和暗礁下集群分布，栖息于水深 35 m 以浅的潟湖坡或向海礁坡。

分　布 南海近岸、东沙群岛、南沙群岛、西沙群岛、中沙群岛。

黑缘单鳍鱼 成鱼 全长约12 cm

黑缘单鳍鱼 *Pempheris vanicolensis*

英文名 Vanikoro sweeper

特　征 最大全长 18 cm。体棕铜色，第一背鳍末端有 1 块大黑斑，臀鳍和尾鳍的边缘均为黑色。在洞穴和暗礁下集群分布，栖息于水深 25 m 以浅的潟湖坡或向海礁坡。

分　布 南沙群岛、西沙群岛、中沙群岛。

长鳍鮀 成鱼 全长约32 cm

长鳍鮀 成鱼 全长约40 cm

长鳍鮀 成鱼 全长约32 cm

长鳍鮀 *Kyphosus cinerascens*

英文名 Topsail chub

特　征 最大全长 45 cm。体银灰色，两侧均有 1 条水平的深色细线，背鳍后部明显抬高（高于最高的背鳍鳍棘）。群居，栖息于水深 25 m 以浅的近岸、礁坪、潟湖或外礁坡。

分　布 东沙群岛、南沙群岛、西沙群岛、中沙群岛。

低鳍鮠 *Kyphosus vaigiensis*

英文名 Lowfin chub

特　征 最大全长 45 cm。体银灰色，具许多古铜色的纵带；背鳍后部不抬高，臀鳍外缘的延长线与尾鳍上缘基本重合。集成小群或大群，栖息于水深 25 m 以浅的岩石岸堤、潟湖或外礁坪。

分　布 东沙群岛、南沙群岛、西沙群岛、中沙群岛。

低鳍鮠 成鱼 全长约26 cm

项斑蝴蝶鱼 全长约16 cm

项斑蝴蝶鱼 *Chaetodon adiergastos*

英文名 Panda butterflyfish

特　征 最大全长 20 cm。体白色，伴有深灰色条带，各鳍（胸鳍除外）橘黄色；眼部有 1 个椭圆形黑色大斑，颈部有 1 个黑色小斑点。常成对生活或小群生活，栖息于水深 1~30 m 的淤泥底质的近岸礁坡或水质清澈的外礁坪。

分　布 南海近岸、东沙群岛、南沙群岛、西沙群岛、中沙群岛。

丝蝴蝶鱼 成鱼 全长约18 cm

丝蝴蝶鱼 幼鱼 全长约5 cm

丝蝴蝶鱼 *Chaetodon auriga*

英文名 Threadfin butterflyfish

特　征 最大全长 23 cm。体白色，伴有 V 形斑纹；体后部和尾鳍呈黄色；背鳍后端有一明显的黑斑，背鳍末端通常有一丝状延伸。独居、成对或小群生活，栖息于水深 40 m 以浅的沿岸礁坡或外礁坪。

分　布 南海近岸、东沙群岛、南沙群岛、西沙群岛、中沙群岛。

叉纹蝴蝶鱼 *Chaetodon auripes*

英文名 Oriental butterflyfish

特　征 最大全长 20 cm。体棕色至黄棕色，有许多黑色细条纹；眼部有 1 条显著的黑色纵纹，眼后具 1 条白色横纹。独居或群居，栖息于水深 30 m 以浅有珊瑚和海藻生长的岩礁，幼鱼栖息于退潮形成的水洼中。

分　布 南海近岸、东沙群岛、南沙群岛、西沙群岛、中沙群岛。

叉纹蝴蝶鱼 成鱼 全长约15 cm

双丝蝴蝶鱼 *Chaetodon bennetti*

英文名 Eclipse butterflyfish

特　征 最大全长 18 cm。体亮黄色；体侧背部中间有 1 个带蓝边的黑色大斑点，体下部有两条蓝色斜线纹。独居或成对生活，栖息于水深 5~30 m 的珊瑚覆盖率高的潟湖或外礁坪。

分　布 南海近岸、东沙群岛、南沙群岛、西沙群岛、中沙群岛。

双丝蝴蝶鱼 成鱼 全长约14 cm

曲纹蝴蝶鱼 成鱼 全长约12 cm

曲纹蝴蝶鱼 幼鱼 全长约3 cm

曲纹蝴蝶鱼 *Chaetodon baronessa*

英文名 Eastern triangular butterflyfish

特 征 最大全长 15 cm。体侧面观大致呈三角形；体灰色，分布许多 V 形斑纹，尾鳍黄灰色。外形与三角蝴蝶鱼（*Chaetodon triangulum*）相似，区别在于三角蝴蝶鱼尾鳍有深色三角状斑纹。成对生活，栖息于水深 10 m 以浅的鹿角珊瑚的盘状结构附近。

分 布 南海近岸、东沙群岛、南沙群岛、西沙群岛、中沙群岛。

密点蝴蝶鱼 成鱼 全长约12 cm

密点蝴蝶鱼 *Chaetodon citrinellus*

英文名 Speckled butterflyfish

特　征 最大全长 13 cm。体黄色至白色，有数排淡蓝色小斑点；尾鳍边缘黑色。独居、成对或小群生活，一般栖息于水深 1~3 m 的涌浪较大的礁坪和向海礁坡，极少在超过 30 m 水深区域活动。

分　布 南海近岸、东沙群岛、南沙群岛、西沙群岛、中沙群岛。

鞭蝴蝶鱼 成鱼 全长约16 cm

鞭蝴蝶鱼 *Chaetodon ephippium*

英文名 Saddled butterflyfish

特　征 最大全长 23 cm。体蓝灰色，体下部有蓝色纵纹；体后部上方有 1 块具白色边缘的大黑斑，吻部到腹鳍的区域呈橘色。独居或成对生活，栖息于水深 30 m 以浅水质清澈且珊瑚覆盖率高的潟湖或向海礁坡。

分　布 南海近岸、东沙群岛、南沙群岛、西沙群岛、中沙群岛。

珠蝴蝶鱼 成鱼 全长约14 cm

珠蝴蝶鱼 幼鱼 全长约6 cm

珠蝴蝶鱼 *Chaetodon kleinii*

英文名 Blacklip butterflyfish

特　征 最大全长 14 cm。体亮棕色，头部灰白色，体中部有 1 条呈扩散状的横带，吻部和腹鳍黑色。独居或大群生活，栖息于水深 2~61 m 的珊瑚覆盖率高的岩礁、潟湖、水道或外礁坡，常见于 10 m 以深区域。

分　布 南海近岸、东沙群岛、南沙群岛、西沙群岛、中沙群岛。

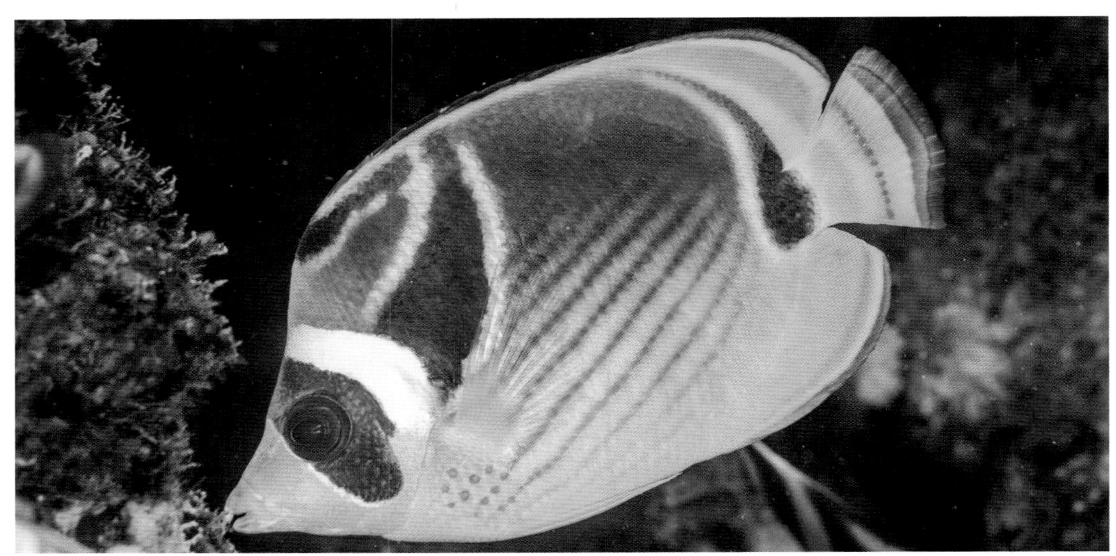

新月蝴蝶鱼 成鱼 全长约18 cm

新月蝴蝶鱼 *Chaetodon lunula*

英文名 Raccoon butterflyfish

特　征 最大全长 21 cm。体橘黄色，背部深色且有黑色带状细斜纹；眼部有 1 块黑色带纹，并有 1 块白色斑纹紧随其后，且连接着 1 条黑色宽带状斜纹直至背鳍。独居、成对生活或群居，栖息于水深 30 m 以浅的潟湖或外礁坪。

分　布 南海近岸、东沙群岛、南沙群岛、西沙群岛、中沙群岛。

弓月蝴蝶鱼 成鱼 全长约12 cm

弓月蝴蝶鱼 *Chaetodon lunulatus*

英文名 Redfin butterflyfish

特　征 最大全长 15 cm。体灰白色，有紫色斜条纹，臀鳍红色，尾鳍基部灰白色，臀鳍基部有 1 条黄边黑色斜纹穿过。常成对生活，栖息于水深 20 m 以浅的珊瑚覆盖率高的礁区。

分　布 南海近岸、东沙群岛、南沙群岛、西沙群岛、中沙群岛。

黑背蝴蝶鱼 成鱼 全长约12 cm

黑背蝴蝶鱼 *Chaetodon melannotus*

英文名 Black-backed butterflyfish

特　征 最大全长 15 cm。体白色，有许多黑色斜线纹，背部上端黑色，尾鳍基部有黑色马鞍状纹。独居或成对生活，以活的软珊瑚和硬珊瑚为食，栖息于水深 2~20 m 的珊瑚覆盖率高的潟湖、礁坪或向海礁坡。

分　布 南海近岸、东沙群岛、南沙群岛、西沙群岛、中沙群岛。

华丽蝴蝶鱼 成鱼 全长约14 cm

华丽蝴蝶鱼 *Chaetodon ornatissimus*

英文名 Ornate butterflyfish

特　征 最大全长 18 cm。体蓝白色，有橘色带纹；背鳍和臀鳍边缘黄色，眼部有黄边黑色带纹。通常成对生活，栖息于水深 36 m 以浅的水质干净且珊瑚覆盖率高的潟湖或向海礁坡。

分　布 南海近岸、东沙群岛、南沙群岛、西沙群岛、中沙群岛。

斑带蝴蝶鱼 成鱼 全长约8 cm

斑带蝴蝶鱼 *Chaetodon punctatofasciatus*

英文名 Spot-banded butterflyfish

特　征 最大全长 12 cm。体黄棕色至黄色，体上部有 7 条灰色横纹，体下部布满数排深灰色斑点，眼部有 1 条橘色条带，颈背部有 1 个黑色斑点。独居或成对生活，有时与夕阳蝴蝶鱼（*Chaetodon pelewensis*）相伴，栖息于水深 45 m 以浅的潟湖或外礁坪。

分　布 南海近岸、东沙群岛、南沙群岛、西沙群岛、中沙群岛。

格纹蝴蝶鱼 成鱼 全长约12 cm

格纹蝴蝶鱼 *Chaetodon rafflesii*

英文名 Latticed butterflyfish

特　征 最大全长 15 cm。体黄色，且遍布灰色网状纹；背鳍和尾鳍边缘具黑色斜纹。独居或成对生活，主要栖息于水深 15 m 以浅的珊瑚覆盖率高的沿岸礁坡、潟湖和外礁坡。

分　布 南海近岸、东沙群岛、南沙群岛、西沙群岛、中沙群岛。

镜斑蝴蝶鱼 成鱼 全长约10 cm

镜斑蝴蝶鱼 成鱼 全长约14 cm 夜潜拍摄

镜斑蝴蝶鱼 *Chaetodon speculum*

英文名 Oval-spot butterflyfish

特　征 最大全长 18 cm。体亮黄色；侧面背部有 1 个椭圆形黑色大斑点。通常独居或成对生活，天性警觉，栖息于水深 8~30 m 的珊瑚覆盖率高的潟湖和外礁坪。

分　布 南海近岸、东沙群岛、南沙群岛、西沙群岛、中沙群岛。

三纹蝴蝶鱼 成鱼 全长约12 cm

三纹蝴蝶鱼 幼鱼 全长约3 cm

三纹蝴蝶鱼 成鱼 全长约12 cm 夜潜拍摄

三纹蝴蝶鱼 *Chaetodon trifascialis*

英文名 Chevroned butterflyfish

特 征 最大全长 18 cm。体白色，有许多 V 形黑色条纹；尾鳍黑色，边缘为黄色。有领地意识，会为保卫栖息的珊瑚领地而对抗其他蝴蝶鱼，生活在水深 12 m 以浅的珊瑚覆盖率高的礁石区。

分 布 南海近岸、东沙群岛、南沙群岛、西沙群岛、中沙群岛。

乌利蝴蝶鱼 成鱼 全长约12 cm

乌利蝴蝶鱼 *Chaetodon ulietensis*

英文名 Pacific double-saddle butterflyfish

特　征 最大全长 15 cm。体前部和体中部白色，体后部亮黄色；背部有 1 对黑色马鞍状纹，尾鳍基部有 1 个黑色斑点。独居、成对或小群生活，栖息于水深 30 m 以浅的珊瑚覆盖率高的潟湖或向海礁坡。

分　布 南海近岸、东沙群岛、南沙群岛、西沙群岛、中沙群岛。

斜纹蝴蝶鱼 成鱼 全长约14 cm

斜纹蝴蝶鱼 *Chaetodon vagabundus*

英文名 Vagabond butterflyfish

特　征 最大全长 23 cm。体黄白色，体侧分布由细线组成的 V 形图案；体后部有一黑色窄斜纹，但并不完全覆盖背鳍后部。通常独居或小群生活，栖息于水深 30 m 以浅的沿岸礁坡或外礁坡。

分　布 南海近岸、东沙群岛、南沙群岛、西沙群岛、中沙群岛。

单斑蝴蝶鱼 全长约8 cm

单斑蝴蝶鱼 全长约12 cm

单斑蝴蝶鱼 *Chaetodon unimaculatus*

英文名 Teardrop butterflyfish

特 征 最大全长 20 cm。体白色，背鳍、胸鳍和腹鳍亮黄色，体背有一黑色泪眼斑点，成鱼吻部会鼓起呈圆球状。独居或小群生活，栖息于水深 10~60 m 的潟湖或向海礁坡。

分 布 南海近岸、东沙群岛、南沙群岛、西沙群岛、中沙群岛。

黄蝴蝶鱼 成鱼 全长约10 cm

黄蝴蝶鱼 成鱼 全长约10 cm

黄蝴蝶鱼 *Chaetodon xanthurus*

英文名 Crosshatch butterflyfish

特　征 最大全长 14 cm。体白色，具网状斑纹，尾鳍末缘黄色至橘色，体后部有 1 条黄色至橘色的宽横纹。独居或成对生活，栖息于水深 12~50 m 的外礁坡或礁崖的岩石或珊瑚中。

分　布 南海近岸、东沙群岛、南沙群岛、西沙群岛、中沙群岛。

黄镊口鱼 成鱼 全长约12 cm

黄镊口鱼 *Forcipiger flavissimus*

英文名 Longnose butterflyfish

特 征 最大全长 22 cm。体黄色，头上部黑色，头下部银白色，吻部长（相对长吻镊口鱼较短），臀鳍位于尾鳍基部正下方处有 1 个黑斑。独居或成对生活，栖息于水深 2~114 m 的沿岸礁坡或外礁坪。

分 布 南海近岸、东沙群岛、南沙群岛、西沙群岛、中沙群岛。

长吻镊口鱼 成鱼 全长约14 cm

长吻镊口鱼 *Forcipiger longirostris*

英文名 Big longnose butterflyfish

特 征 最大全长 22 cm。体黄色，头部上半部分黑色，下半部分银白色；吻部显著延长，胸部具黑斑，臀鳍位于尾鳍基部下方处有一黑斑。独居或成对生活，栖息于水深 5~60 m 的外礁坪。

分 布 南海近岸、东沙群岛、南沙群岛、西沙群岛、中沙群岛。

多鳞霞蝶鱼 成鱼 全长约10 cm

多鳞霞蝶鱼 成鱼 全长约10 cm

多鳞霞蝶鱼 *Hemitaurichthys polylepis*

英文名 Pyramid butterflyfish

特　征 最大全长 18 cm。体侧具白色三角形图案，由体前部和背鳍后部的黄色三角形斑块围成；头部棕色，臀鳍黄色。常聚集成大群生活，以浮游生物为食，栖息于水深 3~60 m 的外礁坡。

分　布 南海近岸、东沙群岛、南沙群岛、西沙群岛、中沙群岛。

马夫鱼 成鱼 全长约10 cm

马夫鱼 幼鱼 全长约4 cm

马夫鱼 *Heniochus acuminatus*

英文名 Longfin bannerfish

特　征 最大全长 25 cm。体白色，有 2 条黑色横纹，第二条横纹一直延伸到臀鳍的末端，两眼间有一黑色矩形斑块，与多棘马夫鱼（*Heniochus diphreutes*）外形相像，但本种吻部较长。栖息于水深 2~75 m 的潟湖或外礁坡。

分　布 南海近岸、东沙群岛、南沙群岛、西沙群岛、中沙群岛。

金口马夫鱼 全长约12 cm

金口马夫鱼 全长约7 cm

金口马夫鱼 *Heniochus chrysostomus*

英文名 Pennant bannerfish

特 征 最大全长 18 cm。体白色，头部、体中部和体后上部均有 1 条棕色至黑色带纹，吻部黄色，背鳍鳍膜特化成拖曳的长三角旗状。独居或成对生活，栖息于水深 3~45 m 的近岸礁坡或外礁坪。

分 布 南海近岸、东沙群岛、南沙群岛、西沙群岛、中沙群岛。

四带马夫鱼 *Heniochus singularius*

英文名 Singular bannerfish

特　征 最大全长 23 cm。体黑色，臀鳍黑色，背鳍和尾鳍黄色；背鳍第一鳍棘延长成丝状，延长部分白色；颈部隆起，眼后方具白色横带，吻部具白色环带。独居或成对，栖息于水深 2~250 m 的潟湖或外礁坪，常出现在沉船附近。

分　布 南海近岸、东沙群岛、南沙群岛、西沙群岛、中沙群岛。

四带马夫鱼 全长约18 cm

白带马夫鱼 成鱼 全长约14 cm

白带马夫鱼 幼鱼 全长约5 cm

白带马夫鱼 *Heniochus varius*

英文名 Humphead bannerfish

特　征 最大全长 19 cm。体具棕色至黑色的大三角形区域，眼上方有 1 对特化的尖角，颈背隆起。独居、成对或群居，栖息于水深 2~30 m 的珊瑚覆盖率高的潟湖或向海礁坡，常出现在暗礁下方。

分　布 南海近岸、东沙群岛、南沙群岛、西沙群岛、中沙群岛。

三点阿波鱼 成鱼 全长约30 cm

三点阿波鱼 *Apolemichthys trimaculatus*

英文名 Three-spot angelfish

特　征 最大全长 25 cm。体亮黄色，吻蓝色，颈背处有黑色斑点，灰色斑点仅分布在头顶后方，臀鳍边缘黑色。独居或成对生活，栖息于 15~60 m 的外礁坪、外礁坡或礁崖。

分　布 南海近岸、东沙群岛、南沙群岛、西沙群岛、中沙群岛。

二色刺尻鱼 全长约7 cm

二色刺尻鱼 *Centropyge bicolor*

英文名 Bicolor angelfish

特　征 最大全长 15 cm。头部和体前部亮黄色，体后部深蓝色，尾鳍黄色；颈背有一蓝色马鞍状纹延伸至两侧眼睛。独居、成对或小群生活，通常栖息于水深 10~25 m 的珊瑚覆盖率高的向海礁坡或潟湖。

分　布 南海近岸、东沙群岛、南沙群岛、西沙群岛、中沙群岛。

双棘刺尻鱼 全长约7 cm

双棘刺尻鱼 全长约7 cm

双棘刺尻鱼 *Centropyge bispinosa*

英文名 Two-spined angelfish

特　征 最大全长 10 cm。体红橙色，有蓝色细横条纹；头部和鳍深蓝色至紫色，鳃盖下缘有 2 根棘刺。独居或小群生活，生性机警，喜欢待在隐蔽处，栖息于 5~45 m 水深的潟湖或外礁坡。

分　布 南海近岸、东沙群岛、南沙群岛、西沙群岛、中沙群岛。

海氏刺尻鱼 全长约12 cm

海氏刺尻鱼 *Centropyge heraldi*

英文名 Yellow pygmy angelfish

特　征 最大全长 10 cm。体明黄色，眼后有一暗棕色斑纹。独居或形成不稳定的群体，栖息于水深 8~40 m 的珊瑚与碎石交混的潟湖或外礁坡。

分　布 台湾、南海近岸、东沙群岛、南沙群岛、西沙群岛、中沙群岛。

白斑刺尻鱼 全长约8 cm

白斑刺尻鱼 *Centropyge tibicen*

英文名 Keyhole angelfish

特　征 最大全长 18 cm。体深蓝色，一侧有卵圆形白色斑纹，臀鳍边缘为黄色。独居或小群生活，栖息于水深 4~35 m 的珊瑚和碎石交混的潟湖或向海礁坡。

分　布 南海近岸、东沙群岛、南沙群岛、西沙群岛、中沙群岛。

福氏刺尻鱼 全长约10 cm

福氏刺尻鱼 全长约10 cm

福氏刺尻鱼 *Centropyge vrolikii*

英文名 Pearl-scaled angelfish

特 征 最大全长 12 cm。头部及体前部浅灰色，体后部和其邻近的鳍渐变为黑色，尾鳍边缘蓝色。独居或集成松散群体，栖息于水深 25 m 以浅的沿岸礁坡或外礁坡处隐蔽。

分 布 南海近岸、东沙群岛、南沙群岛、西沙群岛、中沙群岛。

黑斑月蝶鱼 雄鱼 全长约16 cm

黑斑月蝶鱼 雌鱼 全长约14 cm

黑斑月蝶鱼 *Genicanthus melanospilos*

英文名 Black-spot angelfish

特 征 雄鱼：最大全长 18 cm。体白色，有多条黑色横条纹，背鳍和尾鳍有金色斑点，胸部有 1 个黑色斑点。成对或一雄多雌生活，以浮游动物为食，栖息于水深 20~45 m 的外礁坪。

雌鱼：最大全长 13 cm。体浅灰色，上半部分渐变为黄色，尾鳍的上下缘具黑带。

分 布 南海近岸、东沙群岛、南沙群岛、西沙群岛、中沙群岛。

主刺盖鱼 成鱼 全长约35 cm

主刺盖鱼 亚成鱼 全长约14 cm

主刺盖鱼 幼鱼 全长约8 cm

主刺盖鱼 *Pomacanthus imperator*

英文名 Emperor angelfish

特 征 成鱼：最大全长 38 cm。体具鲜艳的蓝黄相间的纵纹，尾鳍黄色，眼睛覆盖有边缘蓝色的黑色眼膜，头部后面有一较宽的带蓝边的横纹。独居，受惊时会发出很响亮的击鼓声，栖息于水深 6~60 m 的珊瑚礁区。

亚成鱼：全长 9~15 cm。体具黄色波浪状纵纹，头部具蓝色竖直线纹，眼睛覆盖黑色眼膜，头后部有黑色横纹，尾鳍浅黄色。

幼鱼：全长 3~8 cm。体蓝黑色，具醒目的蓝白相间的同心圆图案，尾鳍边缘透明。

分 布 南海近岸、东沙群岛、南沙群岛、西沙群岛、中沙群岛。

双棘甲尻鱼 成鱼 全长约10 cm

双棘甲尻鱼 成鱼 全长约10 cm

双棘甲尻鱼 *Pygoplites diacanthus*

英文名 Regal angelfish

特 征 最大全长 25 cm。体橘黄色，有 7~8 条具黑边的蓝白色横纹，尾鳍黄色；眼睛周围有黑色斑纹，臀鳍有蓝色和橘色的带纹。独居或成对生活，以海绵和被囊动物为食，栖息于水深 48 m 以浅的潟湖或外礁坪。

分 布 南海近岸、东沙群岛、南沙群岛、西沙群岛、中沙群岛。

鹰金鲻 全长约6 cm

鹰金鲻 全长约6 cm

鹰金鲻 *Cirrhitichthys falco*

英文名 Dwarf hawkfish

特　征 最大全长 7 cm。体白色，体前部有 1 对红棕色的马鞍状斑纹，体后部的红棕色小斑块常排列形成横带，眼下方有 2 对红色放射状条带。独居，栖息于水深 4~46 m 的向海礁坡的珊瑚顶部。

分　布 南海近岸、东沙群岛、南沙群岛、西沙群岛、中沙群岛。

翼鳚 全长约16 cm

翼鳚 全长约16 cm

翼鳚 *Cirrhitus pinnulatus*

英文名 Whitespotted hawkfish

特　征 最大全长 28 cm。体遍布棕色大斑点和白色小斑点，体型较大的鳚之一。独居，栖息于水深 3 m 以浅的向海礁坡的涌浪区域。

分　布 南海近岸、东沙群岛、南沙群岛、西沙群岛、中沙群岛。

多棘鲤鳊 全长约11 cm

多棘鲤鳊 *Cyprinocirrhites polyactis*

英文名 Lyretail hawkfish

特　征 最大全长 14 cm。体黄褐色，具浅棕色小斑点；尾鳍叉状，浅黄色。独居或群居，不同于其他鳊科鱼类在底层觅食，长鳍鲤鳊通常游弋于开放水域，以浮游生物为食，栖息于陡峭的外礁坡或大型礁石附近，生活水深 10~132 m。

分　布 南海近岸、东沙群岛、南沙群岛、西沙群岛、中沙群岛。

福氏副鳊 全长约14 cm

福氏副鳊 *Paracirrhites forsteri*

英文名 Freckled hawkfish

特　征 最大全长 22.5 cm。体色相当多变，常见体色为棕色，头部有若干小的“雀斑”，体后部有 1 条棕色纵带。独居，栖息于水深 35 m 以浅的大陆架沿岸、潟湖和向海礁坡。

分　布 南海近岸、东沙群岛、南沙群岛、西沙群岛、中沙群岛。

副鳑 全长约9 cm

副鳑 全长约9 cm

副鳑 *Paracirrhites arcatus*

英文名 Arc-eye hawkfish

特　征 最大全长 14 cm。体以棕色为主色调，眼后有 1 条杂有橘、红和蓝三色的弧形斑纹，鳃盖下缘有 3 条橘色条纹，体中部至尾鳍常出现 1 条白色宽纵带。独居，栖息于水深 35 m 以浅的大陆架沿岸或向海礁坡的珊瑚上方。

分　布 南海近岸、东沙群岛、南沙群岛、西沙群岛、中沙群岛。

五带豆娘鱼 成鱼 全长约12 cm

五带豆娘鱼 *Abudefduf vaigiensis*

英文名 Indo-pacific sergeant

特　征 最大全长 18 cm。体灰色，有 5 条黑色至紫色或蓝色的横纹，背部为黄色。通常在开放海域或为了保护岩缝里的巢穴时形成群体，栖息于水深 12 m 以浅的大陆架沿岸或外礁坡。

分　布 南海近岸、东沙群岛、南沙群岛、西沙群岛、中沙群岛。

雀鲷科小知识

雀鲷是雀鲷科小型鱼类的统称，为珊瑚礁生态系统的重要组成部分，其物种多样性和丰度都较高。雀鲷亚科鱼类的体色多变，吻部两侧各有 1 个鼻孔（普通鱼类各有 2 个），单一背鳍，侧线不连续，尾鳍叉状或者新月形。在求偶期，雄鱼会清理巢穴并通过快速游动和伸展鳍棘来发出求偶信号，雌鱼确认后会将卵产在巢穴中受精，求偶和产卵一般发生在破晓时分。不同的栖息地的雀鲷在食性和习性方面有着显著的多样性，椒雀鲷属、鳃雀鲷属和眶锯雀鲷属鱼类以微小的丝状藻为食，为保护领地和食物源会展示出一定攻击性；光鳃鱼属、宅泥鱼属和长雀鲷属鱼类以浮游生物为食；豆娘鱼属、金翅雀鲷属、凹牙豆娘鱼属、新箭齿雀鲷属和雀鲷属鱼类主要以浮游生物、丝状藻类和底栖无脊椎动物为食。

金凹牙豆娘鱼 成鱼 全长约12 cm

金凹牙豆娘鱼 成鱼 全长约12 cm

金凹牙豆娘鱼 成鱼 全长约10 cm

金凹牙豆娘鱼 *Amblyglyphidodon aureus*

英文名 Golden damsel

特　征 最大全长 12 cm。体为亮黄色至金色（包括鳍），眼周有蓝色斑纹，背鳍后部和臀鳍长而尖。独居或成对生活，栖息于水深 12~35 m 的外礁坡。

分　布 南海近岸、东沙群岛、南沙群岛、西沙群岛、中沙群岛。

库拉索凹牙豆娘鱼 成鱼 全长约12 cm

库拉索凹牙豆娘鱼 成鱼 全长约10 cm

库拉索凹牙豆娘鱼 成鱼 全长约12 cm

库拉索凹牙豆娘鱼 *Amblyglyphidodon curacao*

英文名 Staghorn damsel

特　征 最大全长 11 cm。体浅绿色至白色，有 3 条深绿色横带；体中部常为黄色。通常集小群生活，经常躲藏在鹿角珊瑚的分枝里，栖息于水深 15 m 以浅的沿岸礁坡、潟湖或外礁坡。

分　布 南海近岸、东沙群岛、南沙群岛、西沙群岛、中沙群岛。

白腹凹牙豆娘鱼 成鱼 全长约12 cm

白腹凹牙豆娘鱼 幼鱼 全长约2 cm

白腹凹牙豆娘鱼 *Amblyglyphidodon leucogaster*

英文名 Whitebelly damsel

特　征 最大全长 13 cm。体灰色，体中部鳞片灰白色；腹鳍黄色，背鳍、臀鳍和尾鳍的边缘均呈黑色。栖息于水深 2~45 m 的潟湖或外礁坪。

分　布 南海近岸、东沙群岛、南沙群岛、西沙群岛、中沙群岛。

绿光鳃鱼 成鱼 全长约6 cm

绿光鳃鱼 *Chromis atripectoralis*

英文名 Black-axil chromis

特 征 最大全长 10 cm。体蓝色至浅绿色；胸鳍腋部有一黑色斑点。常在珊瑚丛上方活动，开放海域捕食，栖息于水深 2~15 m 的潟湖或外礁坪。

分 布 南海近岸、东沙群岛、南沙群岛、西沙群岛、中沙群岛。

阿拉伯光鳃鱼 成鱼 全长约6 cm

阿拉伯光鳃鱼 *Chromis flavaxilla*

英文名 Arabian chromis

特 征 最大全长 6 cm。体棕灰色，腹部色略浅，胸鳍基部有 1 个黄色斑点，尾鳍上下缘具黑条纹。常成群栖息于枝状珊瑚上方，遇险时躲避在珊瑚分枝间，以浮游植物为食，栖息于水深 18 m 以浅的珊瑚礁区。

分 布 南沙群岛。

腋斑光鳃鱼 成鱼 全长约7 cm

腋斑光鳃鱼 成鱼 全长约5 cm

腋斑光鳃鱼 *Chromis atripes*

英文名 Darkfin chromis

特　征 最大全长 8 cm。体亮灰色至棕色，背鳍和臀鳍后缘黑色；眼部具一黑色横纹，胸鳍基部有黑色斑点。独居或小群生活，栖息于水深 20~50 m 的外礁坡。

分　布 南海近岸、东沙群岛、南沙群岛、西沙群岛、中沙群岛。

细鳞光鳃鱼 幼鱼 全长约3 cm

细鳞光鳃鱼 幼鱼 全长约3 cm

细鳞光鳃鱼 *Chromis lepidolepis*

英文名 Scaly chromis

特 征 最大全长 8 cm。体灰色至棕色，尾鳍末端黑色，臀鳍末缘具黑色斑块，背鳍鳍棘末端黑色。通常聚集成群，栖息于水深 2~20 m 的大陆架沿岸、潟湖坡或外礁坪。

分 布 南海近岸、东沙群岛、南沙群岛、西沙群岛、中沙群岛。

线纹光鳃鱼 成鱼 全长约5 cm

线纹光鳃鱼 *Chromis lineata*

英文名 Lined chromis

特　征 最大全长 5 cm。体黄棕色，蓝色鳞片组成的数排纵纹分布在体侧；背鳍、臀鳍和腹鳍边缘蓝色。通常以聚群的方式栖息于水深 2~10 m 的外礁坡的珊瑚上方。

分　布 南沙群岛、西沙群岛、中沙群岛。

双斑光鳃鱼 成鱼 全长约7 cm

双斑光鳃鱼 *Chromis margaritifer*

英文名 Bicolor chromis

特　征 最大全长 9 cm。体深棕色至黑色，背鳍后部、臀鳍后部、尾鳍以及尾鳍基部皆为白色；胸鳍基部有黑斑。独居或集成小群生活，栖息于水深 2~20 m 的沿岸礁坡或外礁坡。

分　布 南海近岸、东沙群岛、南沙群岛、西沙群岛、中沙群岛。

卵形光鳃鱼 成鱼 全长约5 cm

卵形光鳃鱼 成鱼 全长约7 cm

卵形光鳃鱼 *Chromis ovatiformis*

英文名 Ovate chromis

特 征 最大全长 9 cm。体浅棕色，臀鳍后部、背鳍后部和尾鳍及其基部皆为白色。独居或小群生活，喜欢停留于隐蔽的地方，栖息于水深 10~30 m 的外礁坪。

分 布 南海近岸、东沙群岛、南沙群岛、西沙群岛、中沙群岛。

黑带光鳃鱼 成鱼 全长约4 cm

黑带光鳃鱼 成鱼 全长约4 cm

黑带光鳃鱼 *Chromis retrofasciata*

英文名 Blackbar chromis

特　征 最大全长 5.5 cm。体黄褐色，尾鳍白色；眼上方有深色带纹，体后部有一贯穿背鳍和臀鳍的黑色横带。独居或小群生活，栖息于水深 5~65 m 的潟湖坡或外礁坪的底层。

分　布 南海近岸、东沙群岛、南沙群岛、西沙群岛、中沙群岛。

条尾光鳃鱼 成鱼 全长约8 cm

条尾光鳃鱼 幼鱼 全长约2 cm

条尾光鳃鱼 *Chromis ternatensis*

英文名 Ternate chromis

特　征 最大全长 10.5 cm。体上部金棕色，体下部渐变至白色，尾鳍上下缘具黑色条纹。以大群形式栖息于水深 2~15 m 的鹿角珊瑚覆盖率高的礁区。

分　布 南海近岸、东沙群岛、南沙群岛、西沙群岛、中沙群岛。

凡氏光鳃鱼

凡氏光鳃鱼

凡氏光鳃鱼

凡氏光鳃鱼 *Chromis vanderbilti*

英文名 Vanderbilt's chromis

特　征 最大全长 6 cm。体黄棕色，有数排蓝色鳞片组成的纵纹；尾鳍上下缘和臀鳍下缘有黑色条纹（某些区域该种尾鳍上缘无黑色条纹）。常以集群形式栖息于水深 2~20 m 的向海礁坡的珊瑚上方。

分　布 南海近岸、东沙群岛、南沙群岛、西沙群岛、中沙群岛。

蓝绿光鳃鱼 成鱼 全长约6 cm

蓝绿光鳃鱼 *Chromis viridis*

英文名 Blue-green chromis

特　征 最大全长 10 cm。体蓝色至浅绿色，无斑纹。集群于珊瑚丛之上，栖息于沿岸的礁坪或潟湖中，生活水深 2~20 m。

分　布 南海近岸、东沙群岛、南沙群岛、西沙群岛、中沙群岛。

韦氏光鳃鱼 成鱼 全长约8 cm

韦氏光鳃鱼 *Chromis weberi*

英文名 Weber's chromis

特　征 最大全长 13.5 cm。体棕色，鳞片边缘黑色；鳃盖上有一深棕色横纹，还有 1 条黑色横纹位于鳃盖上缘至胸鳍基部，尾叶两端黑色。栖息于水深 3~25 m 的沿岸礁坡或外礁坪。

分　布 南海近岸、东沙群岛、南沙群岛、西沙群岛、中沙群岛。

黄尾光鳃鱼 变体成鱼 全长约10 cm

黄尾光鳃鱼 成鱼 全长约8 cm

黄尾光鳃鱼 幼鱼 全长约5 cm

黄尾光鳃鱼 幼鱼 全长约3 cm

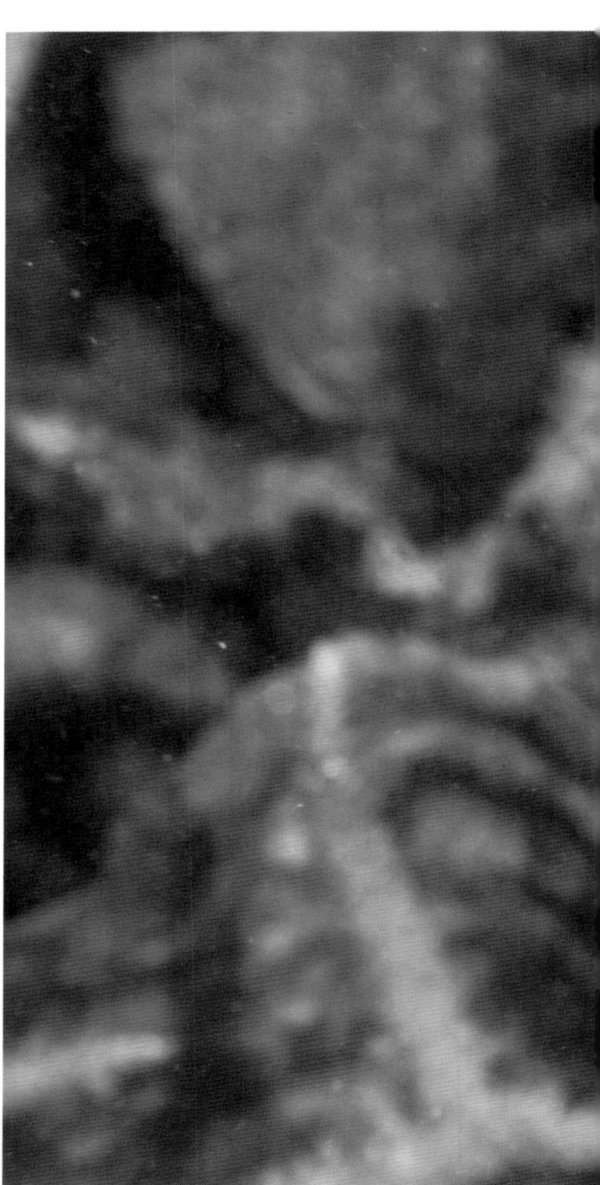

黄尾光鳃鱼 成鱼 全长约12 cm

黄尾光鳃鱼 *Chromis xanthura*

英文名 Paletail chromis

特　征 成鱼：最大全长 15 cm。体炭灰色，尾鳍及其基部白色，但背鳍后部和臀鳍后部不为白色。通常成群生活，栖息于水深 3~40 m 的外礁坡。

变体成鱼：常出现黑色尾鳍，且眼后方、胸鳍基部至颈部顶端具有 2 条横带。

幼鱼：体灰色至棕色；眼后具一深色横纹，鳃盖后缘至胸鳍基部具一深色横带；尾鳍和背鳍末端黄色，臀鳍和背鳍后部具黑斑。

分　布 南海近岸、东沙群岛、南沙群岛、西沙群岛、中沙群岛。

勃氏金翅雀鲷 幼鱼 全长约3.5cm

勃氏金翅雀鲷 幼鱼 全长约3.5 cm

勃氏金翅雀鲷 *Chrysiptera brownriggii*

英文名 Pacific surge damsel

特　征 最大全长 8 cm。体黄色，1 条明显的蓝色纵带沿头顶延伸至体后背鳍下方，蓝色纵带末端有 1 个椭圆形黑斑，尾鳍基部上部有 1 个黑色斑点。常栖息于不到 2 m 水深的受海浪作用缓和的外礁坡顶。

分　布 东沙群岛、南沙群岛、西沙群岛、中沙群岛。

金头金翅雀鲷 成鱼 全长约7 cm

金头金翅雀鲷 成鱼 全长约7 cm

金头金翅雀鲷 *Chrysiptera chrysocephala*

英文名 Yellow crown demoiselle

特　征 最大全长 8 cm。体浅灰色至白色，胸鳍透明，1 条宽黄色带从吻部延伸至体背中部。独居或小群生活，栖息于水深 2~8 m 的近岸浅礁顶部或外礁坡。

分　布 南沙群岛、西沙群岛、中沙群岛。

宅泥鱼 全长约5 cm

宅泥鱼 *Dascyllus aruanus*

英文名 Humbug dascyllus

特 征 最大全长 8 cm。体白色，有 3 条黑色横纹；两眼间有白色大斑纹，尾鳍白色，腹鳍黑色；群居，受到惊吓时易躲进枝状珊瑚中，栖息于水深 12 m 以浅的近岸礁坡或潟湖坡。

分 布 南海近岸、东沙群岛、南沙群岛、西沙群岛、中沙群岛。

黑尾宅泥鱼 全长约4 cm

黑尾宅泥鱼 *Dascyllus melanurus*

英文名 Black-tailed dascyllus

特 征 最大全长 8 cm。体白色，具 3 条黑色横带；两眼间到唇部具大白斑；尾鳍后半部黑色。通常集群活动，受惊吓时，常隐蔽在枝状珊瑚中，栖息于水深 12 m 以浅的近岸礁坪或潟湖。

分 布 南海近岸、东沙群岛、南沙群岛、西沙群岛、中沙群岛。

网纹宅泥鱼 成鱼 全长约8 cm

网纹宅泥鱼 成鱼 全长约8 cm

网纹宅泥鱼 *Dascyllus reticulatus*

英文名 Reticulated dascyllus

特　征 最大全长 8.5 cm。头褐色至灰色，体白色，头部与躯干间有 1 条黑色分散横纹，体后部常为深色；背鳍边缘具黑色宽带。常栖息于水深 50 m 以浅的近岸礁坡或外礁坪的枝状珊瑚中。

分　布 南海近岸、东沙群岛、南沙群岛、西沙群岛、中沙群岛。

三斑宅泥鱼 成鱼 全长约8 cm

三斑宅泥鱼 成鱼 全长约5 cm

三斑宅泥鱼 幼鱼 全长约2 cm

三斑宅泥鱼 *Dascyllus trimaculatus*

英文名 Three-spot dascyllus

特　征 最大全长 14 cm。体灰色，鳞片边缘黑色；除背鳍后缘外均为黑色，头部和胸部有时为黄色或橘色。群居，栖息于水深 55 m 以浅的珊瑚礁或岩礁。

分　布 南沙群岛、西沙群岛、中沙群岛。

黑斑盘雀鲷 成鱼 全长约13 cm

黑斑盘雀鲷 亚成鱼 全长约8 cm

黑斑盘雀鲷 *Dischistodus melanotus*

英文名 Blackvent damsel

特 征 最大全长 15 cm。体白色，头上部和体前上部为棕色，腹部有 1 块深棕色斑块，鳃盖上有许多灰色斑点。独居，栖息于水深 10 m 以浅的潟湖或近岸珊瑚礁。

分 布 南沙群岛、西沙群岛、中沙群岛。

显盘雀鲷 成鱼 全长约10 cm

显盘雀鲷 *Dischistodus perspicillatus*

英文名 White damsel

特　征 最大全长 20 cm。体白色至浅绿色；头前部、背部和背部后方的斑纹形状高度多变，包括 2 个或 3 个黑色的斑点或马鞍状斑或横纹。独居或群居，生性好斗，栖息于水深 10 m 以浅的沙、泥和海草底质的潟湖坡或近岸礁坡。

分　布 南沙群岛、西沙群岛、中沙群岛。

长雀鲷 全长约5 cm

长雀鲷 *Lepidozygus tapeinosomar*

英文名 Fusilier damsel

特　征 最大全长 10 cm。体延长，体上部棕绿色至略带黄色，下部略带蓝色至粉红色；背鳍后部鳍条基部常具一黄斑。常在离底较高处集群觅食，偏爱水流较强的海域，生活水深 5~25 m。

分　布 南海近岸、东沙群岛、南沙群岛、西沙群岛、中沙群岛。

密鳃雀鲷 成鱼 全长约15 cm

密鳃雀鲷 成鱼 全长约15 cm

密鳃雀鲷 *Hemiglyphidodon plagiometopon*

英文名 Lagoon damsel

特 征 最大全长 18 cm。体棕色，由头部向体后部颜色逐渐变深，没有明显的斑纹。以藻类为食，有领地意识，对闯入者具攻击性，栖息于隐蔽的大陆架沿岸或潟湖，常见于淤泥底质且较混浊的水体中，最大生活水深 20 m。

分 布 南海近岸、东沙群岛、南沙群岛、西沙群岛、中沙群岛。

克氏新箭齿雀鲷 成鱼 全长约10 cm

克氏新箭齿雀鲷 成鱼 全长约10 cm

克氏新箭齿雀鲷 *Neoglyphidodon crossi*

英文名 Cross's damsel

特　征 最大全长 12.5 cm。体深棕色，虹膜金黄色，胸鳍基部橙色。独居或形成松散的群体，栖息于海湾或潟湖的岩质岸边或隐蔽的礁石处，生活水深 2~12 m。

分　布 东沙群岛、南沙群岛、西沙群岛、中沙群岛。

黑褐新箭齿雀鲷 成鱼 全长约10 cm

黑褐新箭齿雀鲷 成鱼 全长约10 cm

黑褐新箭齿雀鲷 幼鱼 全长约3 cm

黑褐新箭齿雀鲷 *Neoglyphidodon nigroris*

英文名 Yellowtail damsel

特　征 成鱼：最大全长 11.5 cm。体棕色，体后部渐变为黄色，尾鳍及其邻近的鳍黄色；鳃盖上有一深色条纹，胸鳍基部上有 1 个黑色斑点。独居或形成松散的集群，栖息于水深 2~23 m 的水道或外礁坡周围。

幼鱼：全长 3~4 cm。体黄色，具 2 条分别从吻部至背鳍基部和从眼睛至尾鳍的黑色纵带，胸鳍基部上方具一黑点。

分　布 南海近岸、东沙群岛、南沙群岛、西沙群岛、中沙群岛。

纹胸新箭齿雀鲷 成鱼 全长约10 cm

纹胸新箭齿雀鲷 成鱼 全长约10 cm

纹胸新箭齿雀鲷 *Neoglyphidodon thoracotaeniatus*

英文名 Barhead damsel

特　征 最大全长 13.5 cm。体由前部的深灰色渐变至体后部近乎黑色，头部有 3 条棕色条带，与白色条纹相间，胸鳍基部有一黑色斑点，腹鳍白色，臀鳍灰色。独居或形成松散的集群，栖息于水深 15~45 m 的较隐蔽的礁坡或较深的潟湖。

分　布 南沙群岛、西沙群岛、中沙群岛。

狄氏椒雀鲷 亚成鱼 全长约6 cm

狄氏椒雀鲷 成鱼 全长约10 cm

狄氏椒雀鲷 *Plectroglyphidodon dickii*

英文名 Blackbar damsel

特　征 最大全长 11.5 cm。体褐色，鳞片边缘黑色，尾鳍和体后部白色，胸鳍黄色；体后部有 1 条黑色横带。独居或形成松散的群体，栖息于水深 12 m 以浅的珊瑚覆盖率高的潟湖或外礁坪。

分　布 南海近岸、东沙群岛、南沙群岛、西沙群岛、中沙群岛。

眼斑椒雀鲷 成鱼 全长约8 cm

眼斑椒雀鲷 成鱼 全长约9 cm

眼斑椒雀鲷 *Plectroglyphidodon lacrymatus*

英文名 Jewel damsel

特　征 最大全长 11 cm。体棕色，鳞片边缘黑色，体后部和尾鳍通常呈棕褐色至白色；头部和躯干散布着蓝色小斑点。独居或形成松散的集群，栖息于水深 2~12 m 的潟湖或外礁坪。

分　布 南海近岸、东沙群岛、南沙群岛、西沙群岛、中沙群岛。

白带椒雀鲷 成鱼 全长约10 cm

白带椒雀鲷 *Plectroglyphidodon leucozonus*

英文名 Whiteband damsel

特 征 最大全长 11.5 cm。体棕色，体中部贯穿 1 条白色条纹；鳃盖后缘通常呈深色，胸鳍基部上端有一黑色斑点。独居或形成松散的集群，栖息于水深 4 m 以浅的暴露在海浪作用下的礁石区或礁坪。

分 布 南海近岸、东沙群岛、南沙群岛、西沙群岛、中沙群岛。

胸斑雀鲷 成鱼 全长约9 cm

胸斑雀鲷 *Pomacentrus alexanderae*

英文名 Alexander's damsel

特 征 最大全长 9 cm。体灰色，胸鳍基部有 1 个黑斑，背鳍鳍条尖端黑色。通常群居，是一种较常见的鱼类，栖息于水深 5~30 m 的大陆架沿岸、潟湖坡或外礁坪。

分 布 台湾、南海近岸、东沙群岛、南沙群岛、西沙群岛、中沙群岛。

安汶雀鲷 成鱼 全长约10 cm

安汶雀鲷 成鱼 全长约9 cm

安汶雀鲷 *Pomacentrus amboinensis*

英文名 Ambon damsel

特 征 最大全长 10.5 cm。体色随着环境多变，通常呈黄色；头下部有淡粉色至蓝色的斑点和斑纹。栖息于水深 2~40 m 的沙底质区域。

分 布 南海近岸、东沙群岛、南沙群岛、西沙群岛、中沙群岛。

班卡雀鲷 成鱼 全长约8 cm

班卡雀鲷 成鱼 全长约8 cm

班卡雀鲷 成鱼 全长约8 cm

班卡雀鲷 *Pomacentrus bankanensis*

英文名 Speckled damsel

特　征 最大全长 8 cm。体色多变，通常是橘棕色，有蓝色条纹从吻部延伸至背部；尾鳍半透明，背鳍后部有 1 个大眼斑，胸鳍基部有黑色“耳斑”和黑色斑点。栖息于水深 12 m 以浅的大陆架沿岸或外礁坪。

分　布 南海近岸、东沙群岛、南沙群岛、西沙群岛、中沙群岛。

腋斑雀鲷 成鱼 全长约8 cm

腋斑雀鲷 *Pomacentrus brachialis*

英文名 Charcoal damsel

特 征 最大全长 10.5 cm。体炭灰色至黑色，胸鳍基部覆盖了 1 个大黑斑。通常在珊瑚礁附近的开阔水域集群摄食，栖息于水深 6~ 40 m 的水道或外礁坡。

分 布 南沙群岛、西沙群岛、中沙群岛。

长崎雀鲷 幼鱼 全长约4 cm

长崎雀鲷 *Pomacentrus nagasakiensis*

英文名 Nagasaki damsel

特 征 成鱼：最大全长 12 cm。体灰色，偶尔有鳞片带黑边的蓝色个体；头部有若干蓝色线条和斑点，背鳍鳍棘尖端呈黑色，胸鳍基部有一大黑斑；尾鳍、背鳍后部和臀鳍后部白色，有模糊的波浪线纹路。栖息于水深 5~30 m 的环绕岩石的沙底质区域。

幼鱼：全长 3~4.5 cm。体深灰色至灰色，每个鳞片上均有蓝色条纹；头部具许多蓝色线纹和小点，背鳍后部具边缘为蓝色的黑色眼斑，胸鳍基部具黑斑。

分 布 南海近岸、东沙群岛、南沙群岛、西沙群岛、中沙群岛。

霓虹雀鲷 成鱼 全长约6 cm

霓虹雀鲷 幼鱼 全长约4 cm

霓虹雀鲷 *Pomacentrus coelestis*

英文名 Neon damsel

特　征 最大全长 8 cm。体霓虹蓝色，背鳍、腹鳍、臀鳍和尾鳍为黄色或蓝色；背鳍后端、臀鳍和尾鳍边缘为蓝色。通常集群，栖息于水深 12 m 以浅的碎石区。

分　布 南海近岸、东沙群岛、南沙群岛、西沙群岛、中沙群岛。

颊鳞雀鲷 成鱼 全长约8 cm

颊鳞雀鲷 亚成鱼 全长约6 cm

颊鳞雀鲷 *Pomacentrus lepidogenys*

英文名 Scaly damsel

特 征 最大全长 8.6 cm。体呈蓝灰色，背鳍后部和尾鳍基部呈黄色。栖息于水深 12 m 以浅的大陆架沿岸、潟湖坡或外礁坪。

分 布 南沙群岛、西沙群岛、中沙群岛。

黑缘雀鲷 成鱼 全长约9 cm

黑缘雀鲷 成鱼 全长约9 cm

黑缘雀鲷 *Pomacentrus nigromarginatus*

英文名 Black-margined damsel

特 征 最大全长 9 cm。体浅灰色至深灰色，通常体后部、背鳍、臀鳍和尾鳍呈黄色，尾鳍有黑色边缘，胸鳍基部有一黑色斑点。独居，栖息于水深 20~50 m 的礁突起或礁坡周围的岩块区。

分 布 南海近岸、东沙群岛、南沙群岛、西沙群岛、中沙群岛。

孔雀雀鲷 成鱼 全长约8 cm

孔雀雀鲷 成鱼 全长约8 cm

孔雀雀鲷 *Pomacentrus pavo*

英文名 Blue damsel

特 征 最大全长 11 cm。体呈蓝色至亮绿色，鳞片上有垂直的深色条纹；尾鳍末端黄色，头部散布着蓝色小点，有暗淡的“耳斑”。群居，栖息于水深 16 m 以浅的被沙所围绕的大陆沿岸或潟湖的块状珊瑚中。

分 布 台湾、南沙群岛、西沙群岛、中沙群岛。

菲律宾雀鲷 成鱼 全长约8 cm

菲律宾雀鲷 成鱼 全长约10 cm

菲律宾雀鲷 *Pomacentrus philippinus*

英文名 Philippine damsel

特 征 最大全长 11 cm。体深灰色至棕色或紫色，鳞片边缘黑色；胸鳍基部有 1 个边缘黄色的黑斑，尾鳍、背鳍后部和臀鳍后部均呈黄色。独居或形成松散的集群，栖息于水深 3~12 m 的礁坡，通常靠近礁坡边缘。

分 布 南沙群岛、西沙群岛、中沙群岛。

王子雀鲷 成鱼 全长约8 cm

王子雀鲷 成鱼 全长约8 cm

王子雀鲷 亚成鱼 全长约5 cm

王子雀鲷 *Pomacentrus vaiuli*

英文名 Princess damsel

特　征 最大全长 10 cm。体蓝色，头部和背部的上缘橘黄色，有一黑色“耳斑”；蓝色线纹从吻部延伸至体背部和背鳍，背鳍后端有一大的黑色眼斑。独居或形成松散的小群，栖息于水深 3~45 m 的潟湖或外礁坡。

分　布 南海近岸、东沙群岛、南沙群岛、西沙群岛、中沙群岛。

胸斑眶锯雀鲷 成鱼 全长约10 cm

胸斑眶锯雀鲷 成鱼 全长约10 cm

胸斑眶锯雀鲷 幼鱼 全长约3.5 cm

胸斑眶锯雀鲷 幼鱼 全长约3.5 cm

胸斑眶锯雀鲷 *Stegastes fasciolatus*

英文名 Pacific gregory

特　征 成鱼：最大全长 16 cm。体深棕色，鳞片有深色边缘；下唇后部有暗淡的条纹，眼下有紫罗兰色的条纹，头部下方和躯干有分散的紫罗兰色斑点。栖息于水深 5 m 以浅暴露在海浪作用下的礁石或珊瑚礁。

幼鱼：全长 2~5 cm。体深灰色至深紫罗兰色；以背鳍后部至腹鳍基部为分界，体后部逐渐过渡为蓝白色；背鳍鳍棘具黄色条纹，胸鳍基部具黑色斑，腹鳍边缘紫罗兰色。

分　布 南海近岸、东沙群岛、南沙群岛、西沙群岛、中沙群岛。

克氏双锯鱼 成鱼 全长约8 cm

克氏双锯鱼 *Amphiprion clarkii*

英文名 Clark's anemonefish

特　征 最大全长 14 cm。体黑色至深橘色，有 2 条白色或浅蓝色的横纹，第二条横纹较宽；尾鳍白色或黄色，体色较深的个体的尾鳍基部通常有白色横带，其余鳍均为黑色至橘黄色。栖息于水深 55 m 以浅的珊瑚礁区的 10 种海葵中。

分　布 南海近岸、东沙群岛、南沙群岛、西沙群岛、中沙群岛。

雀鲷科双锯鱼亚科小知识

雀鲷科双锯鱼亚科的鱼类俗称小丑鱼或者海葵鱼，属于小型珊瑚礁鱼类。双锯鱼的形态与雀鲷较为相似，头和吻部更圆钝，尾鳍单叶形，常与海葵共生，隐蔽在海葵的触手中。双锯鱼所有种类中 1/3 的物种是只与特定种类的海葵共生，为群居性鱼类，以一条个体最大首领雌鱼和多条雄鱼形成一个家庭单位，其中可包含一条性激活状态的雄鱼和若干性抑制状态小雄鱼；当群体中个体最大的雌鱼消失后，体型最大的雄鱼会出现性逆转取代之前雌鱼的地位。大部分双锯鱼以初生浮游动物、低级桡足类和被囊类幼虫为食，偶尔会吃一点海藻。

鞍斑双锯鱼 *Amphiprion polymnus*

英文名 Saddleback anemonefish

特　征 最大全长 12 cm。体色为多种混合，在黑色、深棕色或橘黄色之间变化；头部有白色横纹，体中部有一向前倾斜的白色宽带纹；尾鳍黑色，且边缘为白色。通常栖息于水深 2~35 m 的沙地上的地毯海葵（*Stichodactyla haddoni*）中。

分　布 南海近岸、东沙群岛、南沙群岛、西沙群岛、中沙群岛。

鞍斑双锯鱼 成鱼 全长约12 cm

白条双锯鱼 成鱼 全长约6 cm

白条双锯鱼 成鱼 全长约6 cm

白条双锯鱼 *Amphiprion frenatus*

英文名 Tomato anemonefish

特　征 最大全长 7 cm。体橘红色至红色，头部有 1 条白色或浅蓝色的横纹。雄鱼体型明显小于雌鱼。栖息于水深 12 m 以浅的珊瑚礁区的奶嘴海葵(*Entacmaea quadricolor*)中。

分　布 南海近岸、东沙群岛、南沙群岛、西沙群岛、中沙群岛。

眼斑双锯鱼 成鱼 全长约8 cm

眼斑双锯鱼 成鱼 全长约8 cm

眼斑双锯鱼 *Amphiprion ocellaris*

英文名 False clown anemonefish

特　征 最大全长 9.5 cm。体橘色，有 3 条白色横带，中间的横带向前突出；横带和鳍的边缘皆为黑色。栖息于水深 15 m 以浅的沿岸礁坡。

分　布 南海近岸、东沙群岛、南沙群岛、西沙群岛、中沙群岛。

项环双锯鱼 成鱼 全长约7 cm

项环双锯鱼 成鱼 全长约6 cm

项环双锯鱼 *Amphiprion perideraion*

英文名 Pink anemonefish

特 征 最大全长 10 cm。体粉色至橘色，头部有一白色横纹，体背有一白色条纹从两眼中间沿着背鳍延伸至尾鳍。栖息于水深 3~20 m 的珊瑚礁区的 4 种特定海葵（大多数是巨型海葵）中。

分 布 南海近岸、东沙群岛、南沙群岛、西沙群岛、中沙群岛。

白背双锯鱼 成鱼 全长约8 cm

白背双锯鱼 成鱼 全长约8 cm

白背双锯鱼 *Amphiprion sandaracinos*

英文名 Orange anemonefish

特　征 最大全长 14 cm。体橘色；体背有 1 条白色宽条纹从上唇沿背鳍延伸至尾鳍。大多栖息于水深 3~20 m 的珊瑚礁区的平展列指海葵（*Stichodactyla mertensii*）中。

分　布 南海近岸、东沙群岛、南沙群岛、西沙群岛、中沙群岛。

青斑阿南鱼 成鱼 全长约25 cm

青斑阿南鱼 *Anampses caeruleopunctatus*

英文名 Blue-spotted wrasse

特　征 性逆转成鱼：最大全长 42 cm。体绿色至棕绿色，每片鳞片上均有蓝色至蓝绿色的条纹；体前部有一黄色至石灰绿色的横纹。独居、一雌一雄或一雄多雌生活，会在夜晚埋进沙里，栖息于水深 30 m 以浅的珊瑚礁或岩礁。

成鱼：体绿色至棕绿色，体侧有数条由蓝色斑点组成的纵纹；头部有数条蓝色条纹，鳍均具有蓝边。

分　布 东沙群岛、南沙群岛、西沙群岛、中沙群岛。

隆头鱼科小知识

隆头鱼科的鱼类是通过挥摆胸鳍的方式进行游动（一般鱼类通过摆动尾鳍），而与其近亲的鹦嘴鱼也是如此。隆头鱼身体布满可见的大型鳞片，不同种类的隆头鱼的体型和全长高度多变，体色也丰富多样，同一种类在不同的发育阶段、性别和种群地位下的体色常常也会出现较大变化。

在白天隆头鱼会永不停歇地在珊瑚礁区穿行觅食。多数种类具有一组突出的外露犬牙和有力的咽部，利用发达的上下颌觅食具有硬壳的无脊椎动物，包括小型蟹类、虾类、碎裂海星和小型腹足类等，它们发现食物后会将其撕开咬碎然后再吞食。

在印度 - 太平洋海域，隆头鱼科的物种多样性在珊瑚礁鱼类中排名第二（虾虎鱼科第一）。隆头鱼在整个发育阶段的体色、斑纹和体型通常都会经历翻天覆地的变化，主要经历幼鱼（Juvenile Phase，JP）、成鱼（Initial Phase，IP）和性逆转成鱼（Terminal Phase，TP）3 个阶段。幼鱼阶段的隆头鱼具雌雄两套未发育生殖器，具有异于成鱼阶段的体色、斑纹和体形特征；成鱼阶段大部分种类都发育为性成熟的雌鱼（某些种类的成鱼中混有一定数量的性成熟雄鱼），在形态特征方面会经历一次巨大变化（许多幼鱼在发育为成鱼过程中还存在阶段性的亚成鱼形态）；性逆转成鱼由种群中体型最大且具有压倒性统治力的成鱼（雌性）经历性逆转而转变成性的成熟形态的雄鱼，经过性逆转期后其体型变大，体色和斑纹也会有较大变化，这个阶段为形态发育的最终阶段。一个种群中只有极少数成鱼能发育到性逆转成鱼阶段，利用体型和统治力方面的优势，性逆转成鱼会压制其他成鱼进行性逆转，进而获得最高优先繁殖权。

隆头鱼通常会在固定的时间（月相或潮期）和区域进行产卵交配，性逆转成鱼会在自己控制的领地区域内游动巡查，防止其他雄鱼进入，并与该区域内的雌鱼进行交配。

乌尾阿南鱼 *Anampses meleagrides*

英文名 Yellowtail wrasse

特　征 性逆转成鱼：最大全长 21 cm。体红棕色至绿棕色，每片鳞片上均有蓝色条纹；尾鳍浅蓝色，新月形，末端白色。独居或形成一雄多雌的小群生活，栖息于水深 4~60 m 的向海礁坡。

成鱼：最大全长 10 cm。体黑色，体侧有数条由白色斑点组成的纵纹，尾鳍黄色。

幼鱼：背鳍末端和臀鳍末端各有 1 个白色环形斑。

分　布 东沙群岛、南沙群岛、西沙群岛、中沙群岛。

乌尾阿南鱼　成鱼　全长约8 cm

星阿南鱼 成鱼 全长约8 cm

星阿南鱼 幼鱼 全长约4 cm

星阿南鱼 *Anampses twistii*

英文名 Yellow-breasted wrasse

特　征 性逆转成鱼：最大全长 18 cm。体紫棕色，分布有水平排列的白色小点；头下部和体前下部黄色；体侧中部有一不规则的黄色横纹。独居或成对生活，栖息于水深 3~30 m 的潟湖或外礁坪。

成鱼 / 幼鱼：最大全长 14 cm。体紫棕色，分布有水平排列的白色小点（幼鱼小点更明显）；头下部和体前下部黄色；背鳍末端和臀鳍末端各有 1 个带蓝边的黑色大斑。

分　布 南沙群岛、西沙群岛、中沙群岛、东沙群岛。

似花普提鱼 成鱼 全长约10 cm

似花普提鱼 成鱼 全长约8 cm

似花普提鱼 *Bodianus anthioides*

英文名 Lyretail hogfish

特 征 最大全长 21 cm。头部和体前部棕色，体后部白色并散布着棕色斑点；尾鳍深叉状。独居，以底栖无脊椎动物为食，常栖息于水深 6~25 m 的邻近礁崖的外礁坡。

分 布 东沙群岛、南沙群岛、西沙群岛、中沙群岛。

腋斑普提鱼 成鱼 全长约12 cm

腋斑普提鱼 幼鱼 全长约2 cm

腋斑普提鱼 *Bodianus axillaris*

英文名 Axilspot hogfish

特 征 成鱼：最大全长 22 cm。头部和体前部紫棕色，体后部白色；胸鳍基部、背鳍后部和臀鳍各有 1 个大黑斑。独居，极少数会形成小群生活；栖息于水深 2~40 m 的水质清澈的潟湖或外礁坪。

幼鱼：最大全长 6 cm。体深棕色至黑色，体前、中、后以及尾鳍上下两端均各有一对称白色大斑，吻部白色。独居，有时可以帮助鱼类清洁伤口，藏于洞穴和岩缝里。

分 布 东沙群岛、南沙群岛、西沙群岛、中沙群岛。

双带普提鱼 幼鱼 全长约5 cm

双带普提鱼 *Bodianus bilunulatus*

英文名 Saddleback hogfish

特 征 成鱼：最大全长 55 cm。体浅红色，头部和眼后都有红色条纹；眼下方有白色和黑色斑纹，背鳍后部下方有一黑色大斑点，尾鳍黄色。独居，以底栖无脊椎动物为食，栖息于水深 8~108 m 的潟湖或外礁坡。

幼鱼：最大全长 10 cm。头上部和体前上部黄色；头下部和体下部白色，且有红色纵纹；体后部黑色，尾鳍基部白色。独居，有时可以帮助鱼类清洁伤口。

分 布 南海近岸、东沙群岛、南沙群岛、西沙群岛、中沙群岛。

网纹普提鱼 成鱼 全长约18 cm

网纹普提鱼 *Bodianus dictynna**

英文名 Redfin hogfish

特 征 最大全长 25 cm。头部和体背部紫色至红色，体色从前往后由黄色渐变为白色；背部有 4~5 个白色斑点，腹鳍和臀鳍各有 1 个大黑斑。独居或成对生活，通常栖息于水深 6~25 m 的外礁坡。

分 布 东沙群岛、南沙群岛、西沙群岛、中沙群岛。

---

* 早期本种因与印度洋海域特有种的鳍斑普提鱼（*Bodianus diana*）形态学特征相似而被混淆。

斜带普提鱼 *Bodianus loxozonus*

英文名 Blackfin hogfish

特　征 最大全长 40 cm。头上部和体背部为红色至黄色，头下部和体下部色浅；数条灰白色细纵纹由头部延伸至尾鳍，1 条黑色大斑纹穿过尾鳍基部，腹鳍和臀鳍边缘为黑色。独居，栖息于水深 3~40 m 的潟湖坡或向海礁坡。

分　布 南海近岸、东沙群岛、南沙群岛、西沙群岛、中沙群岛。

斜带普提鱼 成鱼 全长约28 cm

中胸普提鱼 幼鱼 全长约4 cm

中胸普提鱼 *Bodianus mesothorax*

英文名 Blackbelt hogfish

特　征 成鱼：最大全长 19 cm。头部紫棕色，体前部有一黑宽带纹，体后部白色至浅黄色；胸鳍基部有 1 个黑色斑点。形态与腋斑普提鱼（*Bodianus axillaris*）相似，区别在于本种缺少黑色斑点。独居或小群生活，栖息于水深 4~40 m 的外礁坡或水道。

幼鱼：最大全长 6 cm。体紫色至近乎黑色；头部、体前部、体后部以及尾鳍基部末端的两侧均各有一对称带黑边黄色大斑。独居，藏于洞穴里或暗礁下。

分　布 东沙群岛、南沙群岛、西沙群岛、中沙群岛。

横带唇鱼 成鱼 全长约32 cm

横带唇鱼 成鱼 全长约32 cm

横带唇鱼 *Cheilinus fasciatus*

英文名 Redbreasted wrasse

特　征 最大全长 36 cm。头后部和体前部橘红色，躯干和尾鳍有黑白相间的横纹。独居，栖息于水深 3~40 m 的潟湖或外礁坪的沙、碎石和珊瑚混合的底质区域。

分　布 南海近岸、东沙群岛、南沙群岛、西沙群岛、中沙群岛。

尖头唇鱼 成鱼 全长约18 cm

尖头唇鱼 成鱼 全长约14 cm

尖头唇鱼 *Cheilinus oxycephalus*

英文名 Snooty wrasse

特 征 最大全长 17 cm。体色多变，从绿棕色至红色；背鳍前端有黑色斑点，尾鳍基部常有 3 个黑色小斑点，一些个体会出现红色斑点、白色斑点或白色条纹。独居或成对生活，行踪隐秘，栖息于水深 40 m 以浅的潟湖或外礁坪的珊瑚区。

分 布 南海近岸、东沙群岛、南沙群岛、西沙群岛、中沙群岛。

三叶唇鱼 成鱼 全长约28 cm

三叶唇鱼 成鱼 全长约25 cm

三叶唇鱼 *Cheilinus trilobatus*

英文名 Tripletail wrasse

特　征 性逆转成鱼：最大全长 40 cm。体绿色调，头部由粉色的线纹和斑点组成华丽的斑纹，尾鳍基部有 2 条白色至灰白色横纹，尾鳍后缘圆弧形，尾叶上下两端有长突起。独居，有警惕性，栖息于水深 30 m 以浅的潟湖、水道或外礁坪。

成鱼：体底色为白色，头部绿棕色，躯干有 4 条浅棕色宽横带。与性逆转成鱼相比，尾叶少了延长的突起。

分　布 南海近岸、东沙群岛、南沙群岛、西沙群岛、中沙群岛。

波纹唇鱼 *Cheilinus undulatus*

英文名　Humphead wrasse

特　征　性逆转成鱼：最大全长 170 cm。头部蓝色，具迷宫样式的斑纹；体绿色，并有深色宽纵带，眼上方有明显的隆起。独居或偶尔成对生活，性格机警，栖息于水深 60 m 以浅的潟湖坡或外礁坪。

成鱼：最大全长 70 cm。体呈橄榄色至蓝色或灰绿色，密布垂直的深色线条；从眼睛向前方延伸出 1 条深色对角斜线，向后延伸出 2 条深色线纹。该种俗称拿破仑，在许多地区由于过度捕捞已出现濒危。

分　布　南海近岸、东沙群岛、南沙群岛、西沙群岛、中沙群岛。

波纹唇鱼　成鱼　全长约70 cm

蓝身丝隆头鱼 性逆转成鱼 全长约11 cm

蓝身丝隆头鱼 性逆转成鱼 全长约11 cm

蓝身丝隆头鱼 *Cirrhilabrus cyanopleura*

英文名 Bluesided fairy wrasse

特　征 最大全长 11 cm。头上部和体前部蓝色至蓝绿色，体后部橙色、棕色至绿色，腹部颜色较浅；胸鳍基部具 1 条蓝色环带。独居或集成小群，栖息于珊瑚和碎石混合底质的潟湖或大陆架沿岸，生活水深 5~30 m。

分　布 南沙群岛、西沙群岛、中沙群岛。

艳丽丝隆头鱼 性逆转成鱼 全长约8 cm

艳丽丝隆头鱼 幼鱼 全长约4 cm

艳丽丝隆头鱼 *Cirrhilabrus exquisitus*

英文名 Exquisite wrasse

特　征 性逆转成鱼：最大全长 11 cm。体色高度多变，通常为绿色至红色、黄色和蓝色；胸鳍基部两侧各有 1 条白色斜纹，吻部至胸鳍上方有 1 条浅蓝色纵纹，另有 1 条浅蓝色纵纹沿体中部伸至尾鳍。独居，栖息于水深 5~30 m 的海流冲刷频繁的向海礁坡。幼鱼：全长 2~4 cm。体玫红色，从眼睛至尾鳍基部有数条不清晰的灰白色纵纹，吻部具一白斑，尾鳍基部具一黑色眼斑。

分　布 东沙群岛、南沙群岛、西沙群岛、中沙群岛。

黑缘丝隆头鱼 性逆转成鱼 全长约12 cm

黑缘丝隆头鱼 成鱼 全长约10 cm

黑缘丝隆头鱼 亚成鱼 全长约8 cm

黑缘丝隆头鱼 幼鱼 全长约3 cm

黑缘丝隆头鱼 成鱼 全长约12 cm

黑缘丝隆头鱼 *Cirrhilabrus melanomarginatus*

英文名 Black-fin fairy wrasse

特　征 性逆转成鱼：最大全长 13 cm。体褐色，腹部色浅，背鳍有 1 条红色条带从前部延伸至末端，臀鳍红色。一般栖息于水深 20 m 以浅的岩礁或珊瑚礁。

成鱼：体色和形态特征与性逆转成鱼基本一致，只缺少背鳍红色条带，可通过观察求偶行为进行区分。

幼鱼：全长 2~4 cm。体红褐色，具许多纵纹，吻部及其周围为黄色，背鳍和臀鳍为红褐色。

分　布 台湾、南沙群岛。

红缘丝隆头鱼 成鱼 全长约10 cm

红缘丝隆头鱼 *Cirrhilabrus rubrimarginatus*

英文名 Red-margined fairy wrasse

特　征 性逆转成鱼：最大全长 15 cm。体蓝色、淡紫色至粉红色，头部具浅黄色线状纵带，体常具多排红色斑点；尾鳍及背鳍后半部边缘鲜红色。集结成小群活动，栖息于珊瑚礁区周围的沙地或碎石地，生活水深 25~52 m。

成鱼：特征与性逆转成鱼近似，但尾鳍无鲜红色边缘。

分　布 南海近岸、东沙群岛、南沙群岛、西沙群岛、中沙群岛。

鳃斑盔鱼 成鱼 全长约14 cm

鳃斑盔鱼 *Coris aygula*

英文名 Clown coris

特　征 最大全长 40 cm。体中部有一白色横带，横带前部浅灰色且散布黑色斑点，横带后部深灰色；背鳍和臀鳍边缘白色，尾鳍末端透明。独居，栖息于水深 2~30 m 的临近珊瑚礁的沙地或碎石地。

分　布 南海近岸、东沙群岛、南沙群岛、西沙群岛、中沙群岛。

巴都盔鱼 性逆转成鱼 全长约8 cm 水深9 m

巴都盔鱼 性逆转成鱼 全长约8 cm 水深9 m

巴都盔鱼 *Coris batuensis*

英文名 Batu coris

特　征 最大全长 15 cm。体白色至浅绿灰色；体上部有数条相间排列的深色横带和白色横纹，背鳍中部有一边缘白色的黑色圆斑。独居，栖息于水深 30 m 以浅的潟湖或向海礁坪，常在临近珊瑚的沙地或碎石地觅食。

分　布 南海近岸、东沙群岛、南沙群岛、西沙群岛、中沙群岛。

露珠盔鱼 成鱼 全长约18 cm

露珠盔鱼 成鱼 全长约18 cm

露珠盔鱼 幼鱼 全长约5 cm

露珠盔鱼 幼鱼 全长约4 cm

露珠盔鱼 *Coris gaimard*

英文名 Yellowtail coris

特 征 性逆转成鱼：最大全长 31 cm。体由蓝色色调变至绿色和红色，尾鳍黄色；体中部有一亮黄色或绿色的横纹，体后部和尾鳍基部布满亮蓝色斑点。独居，栖息于水深 3~50 m 的邻近珊瑚礁的沙地或碎石地。

成鱼：最大全长 25 cm。头部浅红色，躯干绿色，体后部和尾鳍基部蓝色，背鳍和臀鳍红色，尾鳍黄色；体后部和尾鳍基部散布很多亮蓝色斑点。性逆转成鱼和成鱼背鳍的第一鳍棘延长成针状。

幼鱼：最大全长 10 cm。体亮橘红色；头部顶端至体背部有 5 个带黑边的白色马鞍状纹。独居，栖息于临近珊瑚礁的沙地或碎石地。

分 布 东沙群岛、南沙群岛、西沙群岛、中沙群岛。

短伸口鱼 *Epibulus brevis*

英文名 Latent slingjaw wrasse

特　征 性逆转成鱼：最大全长 35 cm。体黄褐色至灰色，尾鳍橘黄色，背鳍前部常具黄斑；体型较小的浅色个体胸鳍具黑色小点，成体后消失。栖息于水深 18 m 以浅的近岸礁区。成鱼：体黄色至白色，头部黄色，胸鳍黑色，躯干具大褐色色块；浅色个体胸鳍具黑斑，背鳍前部具黄斑。个体小于性逆转成鱼。

分　布 南沙群岛、西沙群岛、中沙群岛。

短伸口鱼 成鱼 全长约7 cm

短伸口鱼 性逆转成鱼 全长约18 cm

短伸口鱼 成鱼 全长约16 cm

伸口鱼 变体成鱼 全长约20 cm

伸口鱼 性逆转成鱼 全长约25 cm

伸口鱼 成鱼 全长约22 cm

伸口鱼 成鱼 全长约25 cm

伸口鱼 性逆转成鱼 全长约25 cm

伸口鱼 *Epibulus insidiator*

英文名 Slingjaw wrasse

特　征 性逆转成鱼：最大全长 35 cm。体黑色，头部白色，头顶沿背部至体中部为橘色；体中部有一不明显的黄色横纹，鳞片有清晰的黑色边缘，头部具 1 条穿过眼睛的黑色线纹。独居，栖息于水深 42 m 以浅的珊瑚覆盖率高的潟湖、外礁坪或向海礁坡。

成鱼 / 变体成鱼：最大全长 26 cm。体褐色至深棕色或黄色。捕食时，本种可以将口伸长至全长的 1/3 并形成吸管状。

分　布 东沙群岛、南沙群岛、西沙群岛、中沙群岛。

杂色尖嘴鱼 成鱼 全长约10 cm

杂色尖嘴鱼 性逆转成鱼 全长约20 cm

杂色尖嘴鱼 幼鱼 全长约4 cm

杂色尖嘴鱼 幼鱼 全长约2 cm

杂色尖嘴鱼 成鱼 全长约15 cm

杂色尖嘴鱼 *Gomphosus varius*

英文名 Pacific bird wrasse

特　征 性逆转成鱼：最大全长 32 cm。体细长，吻延长；头部蓝绿色，体绿色，胸鳍有黑色条纹。独居，栖息于水深 35 m 以浅的珊瑚覆盖率高的潟湖或向海礁坡。

成鱼：最大全长 15 cm。体细长，吻长，为浅橘色；头部和胸部白色，体灰色渐变至尾鳍基部近乎黑色。

幼鱼：最大全长 5 cm。体上部绿色，1 条带有黑色边纹的白色宽纵带从吻部伸至尾部，背鳍和臀鳍的外缘为黑色；头部下侧和腹部为白色。

分　布 东沙群岛、南沙群岛、西沙群岛、中沙群岛。

双眼斑海猪鱼 *Halichoeres biocellatus*

英文名 Doublespot wrasse

特　征 性逆转成鱼：最大全长 12 cm。头部至体前部有红绿相间的条纹；体色向后渐暗，有 4 条暗横纹。群居，栖息于水深 6~35 m 的向海礁坡。

成鱼：最大全长 5 cm。体浅红色，1 条白色至浅黄色纵条纹从吻部沿眼上方伸至体前部，另有 1 条从吻部沿眼下方伸至体前部；背鳍中部和末端各有 1 个眼斑。

分　布 南沙群岛、西沙群岛、中沙群岛。

双眼斑海猪鱼　成鱼　全长约8 cm

双眼斑海猪鱼　幼鱼　全长约2 cm

双眼斑海猪鱼　性逆转成鱼　全长约12 cm

金色海猪鱼 性逆转成鱼 全长约12 cm

金色海猪鱼 性逆转成鱼 全长约12 cm

金色海猪鱼 成鱼 全长约10 cm

金色海猪鱼 幼鱼 全长约2 cm

金色海猪鱼 *Halichoeres chrysus*

英文名 Canary wrasse

特 征 性逆转成鱼：最大全长 12 cm。体金黄色，背鳍前端有一个黑色斑点，某些个体眼后方有 1 个黑色斑点，头部和胸部有不明显的橘色带纹。群居，栖息于水深 2~70 m 的珊瑚礁周边的沙地或碎石地。

成鱼：体金黄色，背鳍前端和中部各具 1 个眼斑，尾鳍基部有一不明显黑色斑点，尾鳍透明。

分 布 东沙群岛、南沙群岛、西沙群岛、中沙群岛。

格纹海猪鱼 性逆转成鱼 全长约21 cm

格纹海猪鱼 成鱼 全长约16 cm

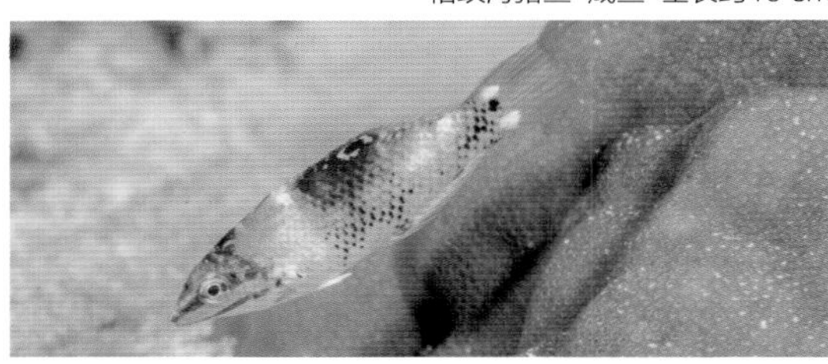
格纹海猪鱼 亚成鱼 全长约8 cm

格纹海猪鱼 幼鱼 全长约4 cm

格纹海猪鱼 *Halichoeres hortulanus*

英文名 Checkerboard wrasse

特　征 性逆转成鱼：最大全长 27 cm。体绿色，每片鳞片有蓝色横纹；头部有浅紫色或橙色带纹，头部后方为浅绿色，背鳍前端下方有 1 个黄色斑点。独居，栖息于水深 35 m 以浅的潟湖或向海礁坡的沙地。

成鱼：最大全长 20 cm。体蓝白色，每片鳞片均有 1 条蓝色条带，尾鳍黄色；头部具若干条绿色和浅紫色或粉色条带，体背部有 2~3 个黄色马鞍状斑点，背鳍前端下方有一黑色斑块。

幼鱼：最大全长 5 cm。吻部白色，从吻部开始，整个躯干被黑白交替的宽条带环绕。尾鳍浅黄色，背鳍中部有 1 个金边黑色大斑。

分　布 东沙群岛、南沙群岛、西沙群岛、中沙群岛。

斑点海猪鱼 成鱼 全长约10 cm

斑点海猪鱼 成鱼 全长约10 cm

斑点海猪鱼 *Halichoeres margaritaceus*

英文名 Weedy surge wrasse

特　征 最大全长 12 cm。体绿色，体两侧由浅紫色鳞片形成的斑块在体中部合并成 1 排纵色带，颊部有粉色斜带纹。群居，栖息于水深 3 m 以浅的礁坪区或暴露于涌浪的浅滩礁石区。

分　布 东沙群岛、南沙群岛、西沙群岛、中沙群岛。

缘鳍海猪鱼 性逆转成鱼 全长约12 cm

缘鳍海猪鱼 性逆转成鱼 全长约12 cm

缘鳍海猪鱼 *Halichoeres marginatus*

英文名 Dusky wrasse

特 征 最大全长 12 cm。体绿色至浅棕色，尾鳍绿色且中部具夺目的横纹；头部有蓝色细带纹，体侧分布着数条由深蓝色斑点组成的纵纹。独居或聚集成小群，栖息于水深 30 m 以浅的珊瑚覆盖率高的潟湖或外礁坪。

分 布 东沙群岛、南沙群岛、西沙群岛、中沙群岛。

盖斑海猪鱼 成鱼 全长约12 cm

盖斑海猪鱼 成鱼 全长约12 cm

盖斑海猪鱼 *Halichoeres melasmapomus*

英文名 Black-eared wrasse

特　征 最大全长 14 cm。体灰色，尾鳍红色，头部绿色且具若干蓝边橙色环带；眼后具一带蓝边的大黑斑，尾鳍基部上方具一较小的斑。独居或集成小群，栖息于陡峭的外礁坡，生活水深 10~56 m。

分　布 南沙群岛、西沙群岛、中沙群岛。

星云海猪鱼 亚成鱼 全长约6 cm 水深8 m

星云海猪鱼 *Halichoeres nebulosus*

英文名 Nebulous wrasse

特 征 最大全长 10 cm。体上部浅紫色；背鳍中部具一带黄边的黑色斑点，白色腹部上具 2 块斜方形的红斑。独居或集成小群，栖息于水深 3~40 m 的临近珊瑚礁的浅海杂草区域。

分 布 南海近岸、东沙群岛、南沙群岛、西沙群岛、中沙群岛。

黑额海猪鱼 成鱼 全长约12 cm

黑额海猪鱼 成鱼 全长约12 cm

黑额海猪鱼 *Halichoeres prosopeion*

英文名 Twotone wrasse

特 征 最大全长 15 cm。体前部和头部浅紫色，体中后部黄色；背鳍前部具一黑斑。独居或集群，栖息于珊瑚覆盖率高的潟湖、点礁或外礁坡，生活水深 2~40 m。

分 布 南海近岸、东沙群岛、南沙群岛、西沙群岛、中沙群岛。

侧带海猪鱼 成鱼 全长约9 cm 水深10 m

侧带海猪鱼 成鱼 全长约7 cm

侧带海猪鱼 *Halichoeres scapularis*

英文名 Zigzag wrasse

特 征 最大全长 15 cm。体白色或绿灰色；一道拉链状的连续或中断的黑色纵纹从头部延伸至尾鳍基部。集成小群，栖息于临近珊瑚礁的沙地、碎石地或杂草地。

分 布 南海近岸、东沙群岛、南沙群岛、西沙群岛、中沙群岛。

三斑海猪鱼 性逆转成鱼 全长约14 cm

三斑海猪鱼 成鱼 全长约10 cm

三斑海猪鱼 *Halichoeres trimaculatus*

英文名 Threespot wrasse

特　征 性逆转成鱼：最大全长 27 cm。体浅黄绿色，大部分鳞片有浅紫色条纹；头部有浅紫色带纹，尾鳍基部上部有一黑色斑点；体前部有 1 块大暗斑，在其上方有一黑斑点。独居或群居，栖息于水深 18 m 以浅的沙地或碎石地的孤立珊瑚上方。

成鱼：最大全长 20 cm。鳞片白色至绿色至浅粉色，伴有浅蓝色斑纹；头部有模糊的绿色或紫色的条带，尾鳍基部上侧有一黑色斑点。群居，栖息于沙地或碎石地。

分　布 东沙群岛、南沙群岛、西沙群岛、中沙群岛。

横带厚唇鱼 成鱼 全长约20 cm

横带厚唇鱼 成鱼 全长约14 cm

横带厚唇鱼 *Hemigymnus fasciatus*

英文名 Barred thicklip

特　征 最大全长 40 cm。体黑色，有 5 条白色细横纹；头部绿色且有粉色带纹，嘴唇肥厚。独居或形成小群，栖息于水深 25 m 以浅的潟湖、水道或外礁坡的沙、碎石与珊瑚混合底质的区域，常见于隐蔽的珊瑚礁。

分　布 东沙群岛、南沙群岛、西沙群岛、中沙群岛。

黑鳍厚唇鱼 成鱼 全长约12 cm

黑鳍厚唇鱼 成鱼 全长约25 cm

黑鳍厚唇鱼 *Hemigymnus melapterus*

英文名 Blackeye thicklip

特　征 性逆转成鱼：最大全长 90 cm。头部和体前部白色至浅绿色或浅金黄色，体其余部分颜色较深；眼睛后方具一深色大斑，大部分鳞片上均具细条纹；唇部肥厚。独居，栖息于沙、碎石和珊瑚混合底质的区域，最大生活水深 30 m。

成鱼：除头部浅灰色外，体其余部分深灰色至黑色；尾鳍黄色，大部分鳞片上均具细条纹。

分　布 南海近岸、东沙群岛、南沙群岛、西沙群岛、中沙群岛。

狭带细鳞盔鱼 成鱼 全长约25 cm

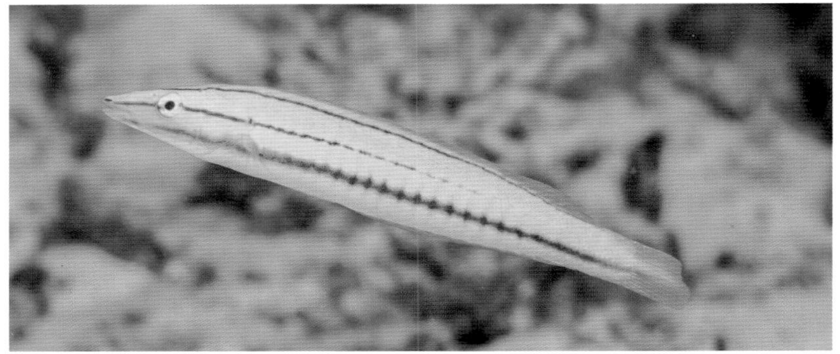

狭带细鳞盔鱼 亚成鱼 全长约8 cm

狭带细鳞盔鱼 幼鱼 全长约5 cm

狭带细鳞盔鱼 性逆转成鱼 全长约40 cm

狭带细鳞盔鱼 *Hologymnosus doliatus*

英文名 Pastel ring wrasse

特 征 性逆转成鱼：最大全长 50 cm。体细长，亮绿色；头部有蓝色和绿色斑纹；躯干有数条蓝色横纹，前部有 1 条带蓝边的灰白色宽横带，鳃盖边缘有一双色斑点。独居，栖息于水深 30 m 以浅的沙、碎石和珊瑚混合底质的区域。

成鱼：最大全长 25 cm。体细长，浅绿色；头部有蓝色和绿色的斑纹；躯干有数条蓝色横条带，鳃盖上缘有一双色斑点。与性逆转成鱼相比缺了带蓝边的灰白色宽横带。

亚成鱼：最大全长 10 cm。体细长，白色至浅绿色，体侧有 3 条浅红色纵带或由数个斑点和细带排列而成的纵带。独居或小群居，栖息于沙地或碎石地。

幼鱼：最大全长 7 cm。体细长，浅黄色，有 3 条纵带。常以小群生活，栖息于沙地或碎石地。

分 布 东沙群岛、南沙群岛、西沙群岛、中沙群岛。

环纹细鳞盔鱼 幼鱼 全长约3 cm

环纹细鳞盔鱼 *Hologymnosus annulatus*

英文名 Ring wrasse

特　征 性逆转成鱼：最大全长 40 cm。体细长，亮绿色，有很多紫色的细横条纹；头部和胸鳍下方均有紫色至深绿色带纹和斑点；体中部有 1 条黄色横纹或横带。独居，栖息于水深 8~40 m 的外礁坡。

幼鱼：最大全长 12 cm。体细长；体背部白色至浅黄色，具 1 条贯穿背鳍基部至尾鳍的黑色纵纹，躯干其余部分被 1 条黑色宽纵带覆盖。独居，栖息于沙地或碎石地。

分　布 东沙群岛、南沙群岛、西沙群岛、中沙群岛。

短项鳍鱼 成鱼 全长约18 cm

短项鳍鱼 *Iniistius aneitensis*

英文名 Whitepatch razorfish

特　征 最大全长 24 cm。吻部陡钝；体浅灰色，常具 3~4 条暗横带，体前部偏下方具一大白斑。受惊吓或夜晚睡眠时会钻入沙中，栖息于礁坪附近的沙地，生活水深 12~92 m。

分　布 南海近岸、东沙群岛、南沙群岛、西沙群岛、中沙群岛。

单线突唇鱼 性逆转成鱼 全长约16 cm

单线突唇鱼 成鱼 全长约12 cm

单线突唇鱼 *Labrichthy sunilineatus*

英文名 Tubelip wrasse

特　征 性逆转成鱼：最大全长 17.5 cm。体呈不同色调的绿色，从深橄榄绿至棕绿色；体前部胸鳍后方具有 1 条较宽的浅黄色至白色横带；躯干具许多蓝色细条纹，各鳍边缘皆为蓝色。独居或集成小群，栖息于隐蔽的珊瑚覆盖率高的礁坪处，最大生活水深 20 m。

成鱼：最大全长 14 cm。体呈不同色调的蓝色至绿色或棕色，唇部黄色；体具有许多蓝色纵纹，尾鳍边缘蓝色。

分　布 南海近岸、东沙群岛、南沙群岛、西沙群岛、中沙群岛。

胸斑裂唇鱼 成鱼 全长约6 cm

胸斑裂唇鱼 *Labroides pectoralis*

英文名 Blackspot cleaner wrasse

特 征 最大全长 8 cm。头部和背部黄色，腹部白色；深色纵纹贯穿全身，由吻部至尾鳍逐渐变宽；胸鳍下方具一黑斑。生态习性十分独特，常急速游动以吸引其他鱼类，帮其他鱼类清除身上的寄生虫或坏死组织，俗称“鱼医生”。独居，栖息于水深 2~28 m 的珊瑚礁区。

分 布 东沙群岛、南沙群岛、西沙群岛、中沙群岛。

双色裂唇鱼 *Labroides bicolor*

英文名 Bicolor cleaner wrasse

特　征 性逆转成鱼：最大全长 14 cm。体细长，体色由唇部的蓝色渐变至体前部的黑色，体后部和尾鳍浅黄色至白色，尾鳍有 1 个新月形蓝色斑纹。独居或成对生活，具有清除鱼类身上的寄生虫或坏死的组织能力，通过独特的不平衡的游泳行为来吸引受伤鱼类，栖息于水深 2~25 m 的珊瑚礁。

成鱼：最大全长 14 cm。体呈不同色调的蓝色至绿色或棕色，唇部黄色；体具许多蓝色纵纹，尾鳍边缘蓝色。

分　布 东沙群岛、南沙群岛、西沙群岛、中沙群岛。

双色裂唇鱼　成鱼　全长约10 cm

双色裂唇鱼　亚成鱼　全长约7 cm

双色裂唇鱼　性逆转成鱼　全长约10 cm

裂唇鱼 成鱼 全长约10 cm

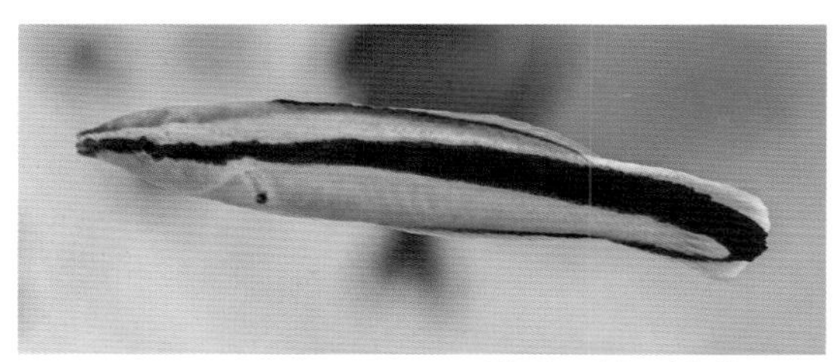

裂唇鱼 成鱼 全长约10 cm

裂唇鱼 幼鱼 全长约6 cm

裂唇鱼 幼鱼 全长约6 cm

裂唇鱼 *Labroides dimidiatus*

英文名 Bluestreak cleaner wrasse

特　征 成鱼：最大全长 11.5 cm。头部和体前部黄色，体后部和尾鳍浅蓝色，吻部至尾鳍有1 条逐渐变宽的黑色纵带。本种具有清除鱼类身上寄生虫和坏死组织的能力，通过忽动忽停的特殊游动方式来吸引有伤口的鱼类，俗称“鱼医生”。独居或成对生活，栖息于 2~40 m 的珊瑚礁。

幼鱼：最大全长 5 cm。1 条荧光蓝纵带从吻部伸至尾鳍末端上缘，尾鳍下边缘也为荧光蓝色。

分　布 东沙群岛、南沙群岛、西沙群岛、中沙群岛。

多纹褶唇鱼 性逆转成鱼 全长约10 cm

多纹褶唇鱼 性逆转成鱼 全长约10 cm

多纹褶唇鱼 幼鱼 全长约3 cm

多纹褶唇鱼 *Labropsis xanthonota*

英文名 Wedge-tailed wrasse

特　征 性逆转成鱼：最大全长 13 cm。体灰蓝色至棕色，每片鳞片上均有 1 个黄色斑点；头部有蓝色斑纹，鳃盖边缘黄色，尾鳍中部有一白色三角斑纹。独居，栖息于水深 7~55 m 的珊瑚覆盖率高、水质清澈的潟湖和向海礁坡。

幼鱼：最大全长 4 cm。体深蓝色至黑色，有数条浅蓝色纵纹；背鳍黄色，尾鳍末端具黑色带纹。

分　布 南海近岸、东沙群岛、南沙群岛、西沙群岛、中沙群岛。

珠斑大咽齿鱼 成鱼 全长约7 cm

珠斑大咽齿鱼 亚成鱼 全长约5 cm

珠斑大咽齿鱼 幼鱼 全长约4 cm

珠斑大咽齿鱼 幼鱼 全长约2 cm

珠斑大咽齿鱼 性逆转成鱼 全长约8 cm

珠斑大咽齿鱼 *Macropharyngodon meleagris*

英文名 Leopard wrasse

特　征 性逆转成鱼：最大全长 15 cm。体暗橘红色至紫色或绿色，每片鳞片均有带蓝边或黑边的绿色斑点；头部有蓝边绿色带纹，背鳍前部具 1 个红色斑，胸鳍上方有黑色小斑点。独居或形成小群，栖息于水深 2~30 m 的珊瑚礁区或碎石区。

成鱼：最大全长 10 cm。体白色，体侧布满由黑色斑点所组成的豹纹图案；头顶有一些不规则的红色条带。栖息于沙、碎石和珊瑚混合底质的潟湖坡或向海礁坡。

幼鱼：最大全长 2.5 cm。体浅灰色，头部和躯干有由浅棕色线条组成的网状图案；背鳍末端和臀鳍末端各有 1 个蓝色至黑色的眼斑，背鳍前 3 条鳍棘延长。

分　布 东沙群岛、南沙群岛、西沙群岛、中沙群岛。

单带尖唇鱼 性逆转成鱼 全长约25 cm

单带尖唇鱼 成鱼 全长约20 cm

单带尖唇鱼 亚成鱼 全长约7 cm

单带尖唇鱼 幼鱼 全长约3 cm

单带尖唇鱼 性逆转成鱼 全长约38 cm

单带尖唇鱼 *Oxycheilinus unifasciatus*

英文名 Ringtail wrasse

特　征 性逆转成鱼：最大全长 46 cm。体为绿色至棕色的渐变色，腹部白色（可迅速变色）；眼部到鳃盖有 1 条带红边的棕色纵带，尾鳍基部贯穿有一白色横带，尾鳍黄色。栖息于水深 160 m 以浅的潟湖坡或外礁坪。

成鱼：最大全长 28 cm。体紫棕色；1 条带红边的紫棕色纵带从眼部伸至鳃盖后缘，头部有若干粉色或浅红色条带，尾鳍基部有 1 条白色横带，腹鳍有一块深色斑块。

幼鱼：体橘红至浅棕色；吻部至尾鳍基部具 1 条黄色纵带，体后部具 2 个绿色斑点。

分　布 南海近岸、东沙群岛、南沙群岛、西沙群岛、中沙群岛。

双斑尖唇鱼 *Oxycheilinus bimaculatus*

英文名 Twospot wrasse

特　征 最大全长 15 cm。体色多变，由红色渐变至棕色至绿色；背鳍前端有一带红边的深色斑点，体中部有黑色斑点，尾鳍扇形。形成小群生活，栖息于水深 2~100 m 的岩块周围的碎石区或海草床。

分　布 东沙群岛、南沙群岛、西沙群岛、中沙群岛。

双斑尖唇鱼 成鱼 全长约8 cm

姬拟唇鱼 全长约7 cm

姬拟唇鱼 全长约7 cm

姬拟唇鱼 *Pseudocheilinus evanidus*

英文名 Disappearing wrasse

特 征 最大全长 9 cm。体红色至橘色，两侧有细的白线条；眼下部有白色纵带，颊部有蓝色条纹，偶见有 5~6 条扩散的苍白色条纹。独居，隐蔽生活，栖息于水深 6~61 m 的向海礁坡的碎石地或珊瑚区。

分 布 南沙群岛、西沙群岛、中沙群岛。

六带拟唇鱼 全长约7 cm

六带拟唇鱼 全长约7 cm

六带拟唇鱼 *Pseudocheilinus hexataenia*

英文名 Sixstripe wrasse

特　征 最大全长 7.5 cm。体紫色，两侧各有 6 条橘色横纹；尾鳍基部上端有 1 个黑色小斑点。独居或形成小群，躲避、隐藏在珊瑚分枝间，栖息于水深 2~35 m 的潟湖或向海礁坡。

分　布 东沙群岛、南沙群岛、西沙群岛、中沙群岛。

八带拟唇鱼 全长约8 cm

八带拟唇鱼 全长约11 cm

八带拟唇鱼 *Pseudocheilinus octotaenia*

英文名 Eightstripe wrasse

特　征 最大全长 11.5 cm。体红棕色至浅黄色，8 条深色纵纹从鳃盖后方延伸至尾鳍基部；颊部有许多黄色斑点。独居且喜欢隐蔽自身，栖息于水深 5~50 m 的沿岸礁坡或外礁坡的珊瑚或碎石间。

分　布 南海近岸、东沙群岛、南沙群岛、西沙群岛、中沙群岛。

摩鹿加拟凿牙鱼 性逆转成鱼 全长约20 cm

摩鹿加拟凿牙鱼 性逆转成鱼 全长约20 cm

摩鹿加拟凿牙鱼 *Pseudodax moluccanus*

英文名 Chiseltooth wrasse

特　征 最大全长 25 cm。体基本色呈红棕色至蓝绿色，鳞片上有深色斑点；体前部和背部呈水洗状的橘色、红色至铁锈色，上唇黄色，尾鳍黑色，部分个体尾鳍基部有一黄色横带。独居，栖息于水深 3~40 m 的向海礁坡或外礁坡。

分　布 南沙群岛、西沙群岛、中沙群岛。

细尾似虹锦鱼 性逆转成鱼 全长约10 cm

细尾似虹锦鱼 性逆转成鱼 全长约10 cm

细尾似虹锦鱼 *Pseudojuloides cerasinus*

英文名 Splendid pencil wrasse

特　征 最大全长 12 cm。体上部绿色，体下部蓝色，体中部有蓝色和黄色的纵纹，尾鳍边缘有黑色带。集成小群生活，常栖息于水深 20~61 m 的具有碎石、海草或珊瑚的潟湖或向海礁坡。

分　布 南沙群岛、西沙群岛、中沙群岛。

黑星紫胸鱼 性逆转成鱼 全长约13 cm

黑星紫胸鱼 成鱼 全长约10 cm

黑星紫胸鱼 *Stethojulis bandanensis*

英文名 Redshoulder wrasse

特　征 性逆转成鱼：最大全长 16 cm。体上部绿色至棕灰色，腹部发白，胸鳍基部上有亮橘红色斑块，蓝色至绿色的条纹弯折至接近眼部顶端处。栖息于水深 20 m 以浅的礁坪或近岸浅滩，在水深 3 m 以浅较常见。

成鱼：最大全长 9 cm。体深灰色，体上部布满白色小点；体下部鳞片的斑纹组成了亮白色网纹图案，常有 2 条白色纵纹从头部延伸至体后部，胸鳍基部上方有一亮橘红色斑块。

分　布 东沙群岛、南沙群岛、西沙群岛、中沙群岛。

鞍斑锦鱼 成鱼 全长约12 cm

鞍斑锦鱼 成鱼 全长约10 cm

鞍斑锦鱼 *Thalassoma hardwicke*

英文名 Sixbar wrasse

特　征 最大全长 20 cm。体浅绿色至白色，有 5~6 条越靠近尾鳍越小的黑色马鞍状横带，头部有粉红色带纹，鳃盖后缘有粉色至黑色的纵带。群居，栖息于水深 15 m 以浅的沿岸礁坡、潟湖坡或外礁坪。

分　布 东沙群岛、南沙群岛、西沙群岛、中沙群岛。

钝头锦鱼 性逆转成鱼 全长约10 cm

钝头锦鱼 成鱼 全长约8 cm

钝头锦鱼 成鱼 全长约8 cm

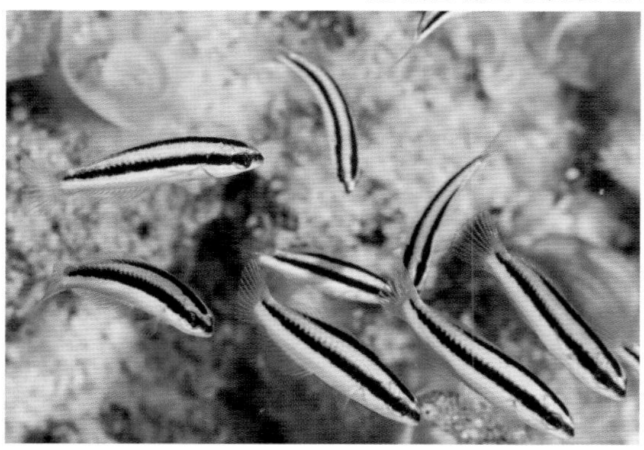

钝头锦鱼 幼鱼 全长约4 cm

钝头锦鱼 性逆转成鱼 全长约10 cm

钝头锦鱼 *Thalassoma amblycephalum*

英文名 Bluntheaded wrasse

特　征 性逆转成鱼：最大全长 16 cm。体蓝色至红色，头部绿色至蓝色，有黄色的宽颈带纹，鳞片上有绿色的横纹；眼下有 2 条细线，胸鳍外缘蓝色。群居，栖息于水深 15 m 以浅的潟湖坡或向海礁坡的边缘。

成鱼：最大全长 10 cm。体背部浅绿色，体中线有 1 条深棕色纵带，腹部白色。通常会集结成由 1 条性逆转成鱼和数条成鱼组成的群体，一般在傍晚时分聚集成群进行产卵交配。

幼鱼：体灰白色，从眼上方至背鳍末端和从吻部至尾鳍基部各具 1 条黑色纵带，尾鳍基部上下方各具 1 个黄色斑点。

分　布 东沙群岛、南沙群岛、西沙群岛、中沙群岛。

新月锦鱼 *Thalassoma lunare*

英文名 Crescent wrasse

特　征 性逆转成鱼：最大全长 25 cm。体蓝色至蓝绿色；头部有浅紫色至绿色的带纹，胸鳍浅紫色且边缘蓝色，尾鳍深新月形且中部为黄色。独居或群居，栖息于水深 20 m 以浅的沿岸礁坡、潟湖坡或外礁坪。

成鱼：与性逆转成鱼相似，但体色更偏绿色。

分　布 东沙群岛、南沙群岛、西沙群岛、中沙群岛。

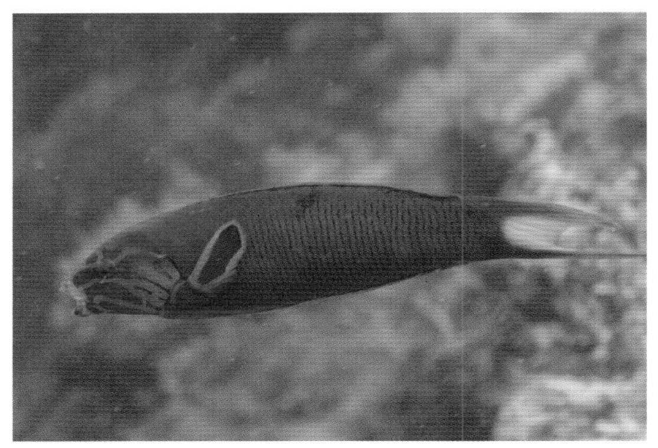

新月锦鱼 性逆转成鱼 全长约16 cm

新月锦鱼 成鱼 全长约12 cm

新月锦鱼 性逆转成鱼 全长约16 cm

纵纹锦鱼 性逆转成鱼 全长约14 cm

纵纹锦鱼 性逆转成鱼 全长约14 cm

纵纹锦鱼 成鱼 全长约10 cm

纵纹锦鱼 成鱼 全长约10 cm

纵纹锦鱼 *Thalassoma quinquevittatum*

英文名 Fivestripe wrasse

特　征 性逆转成鱼：最大全长 16 cm。头部紫色且有绿色带纹，体上部绿色，体下部黄色；体上部有 2 条边缘波浪状的紫色纵带，尾鳍边缘紫色。群居，栖息于水深 18 m 以浅的潟湖坡或向海礁坡，常见于水深不到 5 m 的受海浪影响频繁的水道。

成鱼：最大全长 13 cm。头部、体上部和腹部绿色，伴有若干条紫色和绿色的条带；体上部有 1 对紫色纵带和 3~4 条模糊的白色斜带；1 条红色弧形条带从眼下部延伸至鳃盖边缘。群居，通常伴有 1 条雄鱼。

分　布 东沙群岛、南沙群岛、西沙群岛、中沙群岛。

驼峰大鹦嘴鱼 成鱼 全长约100 cm

驼峰大鹦嘴鱼 成鱼 全长约100 cm

驼峰大鹦嘴鱼 *Bolbometopon muricatum*

英文名 Bumphead parrotfish

特　征 最大全长 120 cm。本种为个体最大的鹦嘴鱼。头前部有巨大的半球形隆起，体绿灰色。成群觅食，会用隆起的头部撞击珊瑚，栖息于水深 40 m 以浅的潟湖或向海礁坡。

分　布 南海近岸、东沙群岛、南沙群岛、西沙群岛、中沙群岛。

星眼绚鹦嘴鱼 成鱼 全长约20 cm 夜潜拍摄

星眼绚鹦嘴鱼 成鱼 全长约20 cm 夜潜拍摄

星眼绚鹦嘴鱼 *Calotomus carolinus*

英文名 Stareye parrotfish

特　征 最大全长 50 cm。体蓝绿色，眼周辐射分布有橘粉色带纹。独居或小群生活，栖息于水深 2~30 m 的珊瑚、碎石或海草底质的潟湖坡或向海礁坡。

分　布 东沙群岛、南沙群岛、西沙群岛、中沙群岛。

眼斑鲸鹦嘴鱼 成鱼 全长约60 cm

眼斑鲸鹦嘴鱼 幼鱼 全长约5 cm

眼斑鲸鹦嘴鱼 幼鱼 全长约10 cm

眼斑鲸鹦嘴鱼 性逆转成鱼 全长约70 cm

眼斑鲸鹦嘴鱼 *Cetoscarus ocellatus**

英文名 Spotted parrotfish

特　征 性逆转成鱼：最大全长 80 cm。体绿色，头部有粉红色斑点和条纹；1 条纵带从吻部一直延伸至腹部，鳍上有条带状纹路。常与成鱼形成小群生活，栖息于水深 30 m 以浅的潟湖或向海礁坡。

成鱼：最大全长 60 cm。体背部浅黄色至白色，体基本色为黑色，体侧鳞片浅绿色并组成了网状图案；头部灰色，眼眶金色。独居或一雄多雌的群居。

幼鱼：全长 2.5~10 cm。体白色，头部有 1 条橘色宽条带，条带从眼睛覆盖至鳃盖后缘；尾鳍外边缘和背鳍前部边缘均为橘色，背鳍橘色区域的中间会随着发育而出现 1 个黑色斑点。独居。

分　布 东沙群岛、南沙群岛、西沙群岛、中沙群岛。

---

* 早期本种因与红海海域特有种青鲸鹦嘴鱼（*Cetoscarus bicolor*）形态学特征相似而被混淆。

拟绿鹦嘴鱼 成鱼 全长约25 cm

拟绿鹦嘴鱼 *Chlorurus capistratoides*

英文名 Indian parrotfish

特 征 最大全长 35 cm。体深灰色，吻部和尾鳍粉色，具 4~5 条白色横带，胸鳍边缘黄色。成群栖息于水深 15 m 以浅的内礁坪或外礁坪的涌浪区。

分 布 南沙群岛、西沙群岛、中沙群岛。

鹦嘴鱼科小知识

鹦嘴鱼科的鱼类身体健硕，鳞片大，尾鳍多为新月形，与隆头鱼一样通过挥摆胸鳍游动（体型普遍大于隆头鱼），主要形态学特征是由牙齿与上颌骨愈合形成的形似鹦鹉嘴的特化齿板。

鹦嘴鱼主要觅食手段是利用发达的齿板刮食死珊瑚孔状结构表面的丝状藻类，某些大型种类也啃食活珊瑚。鹦嘴鱼植食性和刮食藻类的特点对珊瑚礁生态系统具有积极意义，可以帮助清除死珊瑚表面藻类，抑制藻类覆盖活珊瑚而使其窒息死亡。

鹦嘴鱼在整个发育阶段的体色、斑纹和体型通常都会经历翻天覆地的变化，主要经历幼鱼（Juvenile Phase，JP）、成鱼（Initial Phase，IP）和性逆转成鱼（Terminal Phase，TP）3 个阶段。幼鱼阶段的鹦嘴鱼具雌雄两套未发育生殖器，具有异于成鱼阶段的体色、斑纹和体形特征；成鱼阶段大部分种类都发育为性成熟的雌鱼（某些种类的成鱼中混有一定数量的性成熟雄鱼），在形态特征方面会经历一次巨大变化（许多幼鱼在发育为成鱼过程中还存在阶段性的亚成鱼形态）；性逆转成鱼由种群中体型最大且具有压倒性统治力的成鱼（雌性）经历性逆转而转变成性的成熟形态的雄鱼，经过性逆转期后其体型变大，体色和斑纹也会有较大变化，这个阶段为形态发育的最终阶段。一个种群中只有极少数成鱼能发育到性逆转成鱼阶段，利用体型和统治力方面的优势，性逆转成鱼会压制其他成鱼进行性逆转，进而获得最高优先繁殖权。

在完整的珊瑚礁生态系统中，由于鹦嘴鱼的食物来源丰富且与其他肉食性种群不形成种间竞争关系，所以常见到鹦嘴鱼能与其他鱼类和平共处，自身也没有领地意识。在刮食藻类过程中鹦嘴鱼不可避免会摄入珊瑚骨骼碎屑（碳酸钙），这占到其全部食物量的 75%，通过强大的消化系统，鹦嘴鱼会把不能吸收的碳酸钙变成细沙排出体外。这些细沙对于珊瑚礁生态系统周边伴生的沙地和海草床生态系统有积极影响。隆头鱼实行一夫多妻制，由 1 条居于核心地位的性逆转雄鱼和多条成鱼组成一个家庭单位，常常在特定的时间（月相或潮期）和区域进行产卵交配。

小鼻绿鹦嘴鱼 性逆转成鱼 全长约60 cm

小鼻绿鹦嘴鱼 成鱼 全长约18 cm

小鼻绿鹦嘴鱼 幼鱼 全长约5 cm

小鼻绿鹦嘴鱼 *Chlorurus microrhinos*

英文名 Steephead parrotfish

特 征 性逆转成鱼：最大全长 70 cm。头前部钝；体绿色至蓝绿色，鳞片边缘是浅紫粉色，吻部蓝色，头下部浅蓝色。独居或小群生活，栖息于水深 50 m 以浅的珊瑚礁区。

成鱼：与性逆转成鱼相似，头部较尖。

幼鱼：最大全长 15 cm。体黑色至深棕色，体侧有 3~4 条白色纵条带。

分 布 南海近岸、东沙群岛、南沙群岛、西沙群岛、中沙群岛。

尾斑绿鹦嘴鱼 *Chlorurus spilurus**

英文名　Pacific bullethead parrotfish

特　征　性逆转成鱼：最大全长 40 cm。体为不同深浅的绿色色调，鳞片边缘浅紫色；尾鳍基部浅绿色至白色，颊部浅黄色；吻部有一蓝色至浅紫色至浅绿色的斑纹。独居，栖息于水深 30 m 以浅的珊瑚礁及其邻近的碎石地。

成鱼：最大全长 26 cm。头部和体前部亮红棕色渐变至体后部黑色，体侧有由白色小点组成的 3~4 排横带（这些小点的颜色可以快速变浅或变深）。集成小群或大群生活。

亚成鱼：头部和躯干与成鱼相似，但尾鳍中间有一个大黑斑。

幼鱼：最大全长 10 cm。体侧有数道棕色与白色相间的纵条带。

分　布　南海近岸、东沙群岛、南沙群岛、西沙群岛、中沙群岛。

尾斑绿鹦嘴鱼 性逆转成鱼 全长约15 cm

---

* 早期本种因与属于红海、印度洋海域特有种类的灰鹦嘴鱼（*Chlorurus sordidus*）形态学特征相似而被混淆。

尾斑绿鹦嘴鱼 亚成鱼 全长约20 cm

尾斑绿鹦嘴鱼 亚成鱼 全长约15 cm

尾斑绿鹦嘴鱼 亚成鱼 全长约15 cm

尾斑绿鹦嘴鱼 幼鱼 全长约5 cm

尾斑绿鹦嘴鱼 性逆转成鱼 全长约20 cm

尾斑绿鹦嘴鱼 成鱼 全长约25 cm

长头马鹦嘴鱼 成鱼 全长约22 cm

长头马鹦嘴鱼 成鱼 全长约45 cm 夜潜拍摄

长头马鹦嘴鱼 *Hipposcarus longiceps*

英文名 Pacific longnose parrotfish

特　征 性逆转成鱼：最大全长 50 cm。吻部长，体灰色略带黄色，鳞片上具浅色条纹；尾鳍基部黄色，尾叶较短。栖息于潟湖或向海礁坡附近的沙底质海域中，生活水深 2~40 m。

成鱼：特征与性逆转成鱼相似，但尾鳍基部不为黄色。

分　布 南海近岸、东沙群岛、南沙群岛、西沙群岛、中沙群岛。

弧带鹦嘴鱼 成鱼 全长约25 cm

弧带鹦嘴鱼 成鱼 全长约25 cm

弧带鹦嘴鱼 *Scarus dimidiatus*

英文名 Yellow-barred parrotfish

特　征 性逆转成鱼：最大全长 30 m。体深蓝色至灰绿色，吻部和体前部上端很大部分呈蓝绿色至绿色，有暗色和浅色两条色带从眼部延伸至胸鳍。栖息于水深 25 m 以浅的潟湖坡或向海礁坡。

成鱼：最大全长 22 cm。体浅黄色，头部灰色，体背有 3 条灰色马鞍状横带；眼部至尾鳍可能有 1 条白色纵带。

分　布 南海近岸、东沙群岛、南沙群岛、西沙群岛、中沙群岛。

杂色鹦嘴鱼 性逆转成鱼 全长约22 cm

杂色鹦嘴鱼 性逆转成鱼 全长约22 cm

杂色鹦嘴鱼 *Scarus festivus*

英文名 Festive parrotfish

特 征 最大全长 45 cm。体绿色至蓝绿色，每片鳞片都有一橘色至紫色的条纹，两眼间有2条绿色带纹，尾鳍基部偶有一黄绿色斑点，尾鳍末端偶有绿色至紫色的新月形斑纹。栖息于水深 3~30 m 的潟湖坡或向海礁坡。

分 布 南海近岸、东沙群岛、南沙群岛、西沙群岛、中沙群岛。

网纹鹦嘴鱼 性逆转成鱼 全长约40 cm

网纹鹦嘴鱼 *Scarus frenatus*

英文名 Bridled parrotfish

特　征 最大全长 50 m。体绿色色调，颜色在尾鳍基部突然从深绿色转变成亮绿色，唇部环绕了浅绿色的条纹。通常独居，栖息于水深 25 m 以浅的向海斜坡或珊瑚礁顶。

分　布 南海近岸、东沙群岛、南沙群岛、西沙群岛、中沙群岛。

黄鞍鹦嘴鱼 成鱼 全长约20 cm

黄鞍鹦嘴鱼 *Scarus oviceps*

英文名 Darkcapped parrotfish

特　征 性逆转成鱼：最大全长 30 m。体蓝绿色，鳞片边缘粉色，胸鳍呈石灰绿色和蓝绿色，头部和体前部上端呈紫色。独居，栖息于水深 20 m 以浅的礁坪、潟湖或外礁坡。

成鱼：最大全长 25 cm。体亮灰色，头上部和体前上部深灰色，1~2 黄色条带紧随其后，颊部白色或浅黄色。

分　布 南海近岸、东沙群岛、南沙群岛、西沙群岛、中沙群岛。

绿唇鹦嘴鱼 性逆转成鱼 全长约30 cm

绿唇鹦嘴鱼 性逆转成鱼 全长约30 cm 夜潜拍摄

绿唇鹦嘴鱼 成鱼 全长约30 cm

绿唇鹦嘴鱼 成鱼 全长约20 cm

绿唇鹦嘴鱼 性逆转成鱼 全长约38 cm

绿唇鹦嘴鱼 *Scarus forsteni*

英文名 Bluepatch parrotfish

特　征 性逆转成鱼：最大全长 55 cm。体绿色，鳞片边缘粉色；头部上缘有杯状深色斑纹，吻部环有 1 圈绿色宽带纹，体中部偶有粉色斑块。独居或聚集成小群，栖息于水深 3~30 m 的潟湖坡或向海礁坡。

成鱼：最大全长 36 cm。体红棕色；一蓝色斑块从眼部伸至胸鳍基部，另一绿色至蓝绿色斑块位于鳃盖后方的体侧中部，蓝色斑块上方可能有 1 个白色斑点。独居。

分　布 南海近岸、东沙群岛、南沙群岛、西沙群岛、中沙群岛。

黑斑鹦嘴鱼 *Scarus globiceps*

英文名 Violetlined parrotfish

特　征 最大全长 28 m。体绿色至蓝色色调，鳞片边缘呈浅粉色，头部上端有若干不连续的绿色线纹和斑点，头部下端颜色较浅，腹部有 2~3 条紫色纵纹。独居，栖息于水深 30 m 以浅的珊瑚礁坪、潟湖或向海礁坡。

分　布 南海近岸、东沙群岛、南沙群岛、西沙群岛、中沙群岛。

黑斑鹦嘴鱼 性逆转成鱼 全长约26 cm

黑斑鹦嘴鱼 性逆转成鱼 全长约26 cm

黑斑鹦嘴鱼 性逆转成鱼 全长约24 cm

黑鹦嘴鱼 幼鱼 全长约4 cm

黑鹦嘴鱼 幼鱼 全长约4 cm

黑鹦嘴鱼 *Scarus niger*

英文名 Swaryhy parrotfish

特 征 性逆转成鱼：最大全长 35 m。体色随个体发育从深红棕色变成紫绿色；上下唇红色，眼后有黄色至绿色的点或条纹，唇部环绕深色条带。除求偶期外独居，栖息于水深 20 m 以浅的珊瑚覆盖率高的区域。

幼鱼：最大全长 9 cm。体黑色至红棕色，体侧有许多白色小点，尾鳍半透明；尾鳍基部常有白色横带。小群栖息于珊瑚附近的碎石底质区域。

分 布 南海近岸、东沙群岛、南沙群岛、西沙群岛、中沙群岛。

棕吻鹦嘴鱼 性逆转成鱼 全长约24 cm

棕吻鹦嘴鱼 性逆转成鱼 全长约22 cm

棕吻鹦嘴鱼 成鱼 全长约20 cm

棕吻鹦嘴鱼 性逆转成鱼 全长约30 cm 夜潜拍摄

棕吻鹦嘴鱼 *Scarus psittacus*

英文名 Palenose parrotfish

特　征 性逆转成鱼：最大全长 30 m。体黄色至绿色，鳞片边缘浅橙粉色；吻部薰衣草灰色，尾鳍蓝色。群居，栖息于水深 2~25 m 的礁坪、潟湖或向海礁坡。

成鱼：最大全长 20 cm。体红棕色至灰色，吻部白色。常和其他大个体种类混合觅食。

分　布 南沙群岛、西沙群岛、中沙群岛。

截尾鹦嘴鱼 成鱼 全长约25 cm

截尾鹦嘴鱼 成鱼 全长约25 cm

截尾鹦嘴鱼 *Scarus rivulatus*

英文名 Surf parrotfish

特　征 性逆转成鱼：最大全长 40 m。体绿色至蓝色，胸鳍亮绿色；鳃盖上有橘色色块，头部有波浪状的绿色条纹或条带。群居，栖息于水深 20 m 以浅的粉砂底质的沿岸珊瑚礁、潟湖或向海礁坡。

成鱼：最大全长 30 cm。体灰色至灰棕色，腹部有 2 条白色纵纹。

分　布 南海近岸、东沙群岛、南沙群岛、西沙群岛、中沙群岛。

钝头鹦嘴鱼 *Scarus rubroviolaceus*

英文名 Redlip parrotfish

特　征 性逆转成鱼：最大全长 70 cm。体绿色色调，常呈双色，体前部颜色较深；上唇有 1 条绿色至蓝色的带纹，下唇有 2 条；尾鳍有数条蓝色至蓝绿色的条纹。独居或成对生活，栖息于水深 30 m 以浅的外礁坡。

成鱼：体呈红色、棕红色和灰色 3 种色调，鳞片上有许多小黑点和不规则线纹；常会出现体前部色深和体后部色浅的双体色，各鳍和唇部常为红色。雄性成鱼的比例高于雌性。

分　布 南海近岸、东沙群岛、南沙群岛、西沙群岛、中沙群岛。

钝头鹦嘴鱼 成鱼 全长约35 cm

许氏鹦嘴鱼 性逆转成鱼 全长约40 cm

许氏鹦嘴鱼 性逆转成鱼 全长约35cm

许氏鹦嘴鱼 成鱼 全长约30 cm

许氏鹦嘴鱼 *Scarus schlegeli*

英文名 Yellowbar parrotfish

特　征 性逆转成鱼：最大全长 40 cm。体深绿色至深蓝色，头上部和体背前部的颜色更亮些；体背中部有一短的亮黄色横带延伸至体下部，且颜色越向下越浅。独居或群居，栖息于水深 40 m 以浅的沿岸礁坡、潟湖坡或外礁坪的珊瑚覆盖率高的区域。

成鱼：最大全长 15 cm。体灰棕色，有 5~6 条白色横带。有时会形成觅食群体栖息于软珊瑚或石珊瑚覆盖率高的区域。

分　布 南海近岸、东沙群岛、南沙群岛、西沙群岛、中沙群岛。

刺鹦嘴鱼 *Scarus spinus*

英文名 Greensnout parrotfish

特　征 最大全长 30 m。体型较小，体绿色至蓝色，鼻子和颈部绿色，鳃盖和颊部黄色至黄绿色。独居，栖息于水深 2~25 m 的外礁坪。

分　布 南海近岸、东沙群岛、南沙群岛、西沙群岛、中沙群岛。

刺鹦嘴鱼 性逆转成鱼 全长约26 cm

黄肋鹦嘴鱼 性逆转成鱼 全长约40 cm

黄肋鹦嘴鱼 成鱼 全长约30 cm

黄肋鹦嘴鱼 *Scarus xanthopleura*

英文名 Red parrotfish

特 征 性逆转成鱼：最大全长 54 cm。体绿色，鳞片边缘粉色；嘴唇深绿色，颊部和下巴有不规则的深绿色斑块，头部有微弱的条纹或斑点。独居，栖息于水深 3~30 m 的水质清澈的潟湖或外礁坪。

成鱼：最大全长 33 cm。体亮红色，体侧有 3~4 条模糊的白色横带。数量稀少。独居或小群居。

分 布 南海近岸、东沙群岛、南沙群岛、西沙群岛、中沙群岛。

四斑拟鲈 雄鱼 全长约16 cm

四斑拟鲈 雌鱼 全长约14 cm

四斑拟鲈 *Parapercis clathrata*

英文名 Latticed sandperch

特 征 最大全长 17.5 cm。体背部灰褐色且有深色斑纹，体下部白色，中间具有连成一排的被橘色斑包围的黑色块；鳃盖后缘有一深色眼斑。独居或小群生活，栖息于水深 3~50 m 的潟湖坡或向海礁坡的沙地或碎石地。

分 布 南海近岸、东沙群岛、南沙群岛、西沙群岛、中沙群岛。

六睛拟鲈 雌鱼 全长约12 cm

六睛拟鲈 雌鱼 全长约14 cm

六睛拟鲈 *Parapercis hexophthalma*

英文名 Speckled sandperch

特 征 最大全长 23 cm。体白色，体背部浅灰色，有许多黑色的线条、斑点和斑块，尾鳍有 1 个黑色大斑。雄鱼颊部有波浪纹。独居或形成松散的小群，栖息于水深 8~25 m 的沿岸礁坡、潟湖坡或外礁坪的沙地或碎石地。

分 布 南海近岸、东沙群岛、南沙群岛、西沙群岛、中沙群岛。

圆拟鲈 全长约10 cm

圆拟鲈 *Parapercis cylindrica*

英文名 Sharpnose sandperch

特　征 最大全长 12 cm。体白色，背部有约 8 条近方形的深色纵纹，体下部有约 8 条深色纵纹与背部条纹中间对称，眼下有深色窄条纹，尾鳍黄色或半透明。独居或形成小群，栖息于水深 20 m 以浅的沙地、碎石地或海草床。

分　布 南海近岸、东沙群岛、南沙群岛、西沙群岛、中沙群岛。

纵带弯线鳚 *Helcogramma striata*

英文名 Striped triplefin

特　征 最大全长 5 cm。体红色，体下部白色；有 3 条白色或蓝白色纵纹，虹膜亮黄色。独居或小群生活，栖息于水深 20 m 以浅的沿岸礁坡、潟湖坡或外礁坡。

分　布 南沙群岛、西沙群岛、中沙群岛。

纵带弯线鳚 全长约5 cm

紫黑穗肩鳚 全长约7 cm

紫黑穗肩鳚 *Cirripectes imitator*

英文名 Imitator blenny

特 征 最大全长 11 cm。体深棕色，背鳍前部鳍棘和尾鳍上缘黄色。栖息于较浅的岩礁坡或珊瑚礁坪。

分 布 南沙群岛、西沙群岛、中沙群岛。

缕凤鳚 全长约5 cm

缕凤鳚 *Crossosalarias macrospilus*

英文名 Triplespot blenny

特 征 最大全长 8 cm。体呈不同色调的褐色，具多个斑点和圆点；体中部具深棕色矩形横斑，背鳍前方具较大的棕色斑点，咽部具 2 个眼斑点。独居，栖息于水深 25 m 以浅的潟湖或外礁坪。

分 布 南海近岸、东沙群岛、南沙群岛、西沙群岛、中沙群岛。

巴氏异齿鳚 *Ecsenius bathi*

英文名 Bath's coralblenny

特　征 最大全长5 cm。体灰色，头部黄色；头部具1对贯穿眼睛的黄色纵纹，体具3条黑色纵带。独居或集成小群，在有海绵动物或海鞘的点礁周围出没，栖息于水深3~25 m的大陆架沿岸或外礁坪。

分　布 东沙群岛、南沙群岛、西沙群岛、中沙群岛。

巴氏异齿鳚 全长约5 cm

二色异齿鳚 全长约5 cm

二色异齿鳚 *Ecsenius bicolor*

英文名 Bicolor blenny

特　征 最大全长 10 cm。体色高度多变，最常见的外形特征为头部和体前部深色，具长而直的触须，体后部亮橘黄色。独居，常隐藏在被遗弃的虫管或小洞穴中，栖息于水深 25 m 以浅的沿岸礁坡、潟湖坡或外礁坪。

分　布 南海近岸、东沙群岛、南沙群岛、西沙群岛、中沙群岛。

鳚科小知识

鳚科的鱼类身体细长且体型较小，由于趋同进化，在形态方面与同为底栖性的虾虎鱼科（Gobiidae）鱼类十分相似，因此许多人会将其混淆。鳚科鱼类区别于虾虎鱼科的主要特征是只有单一背鳍，腹鳍不愈合且位于胸鳍的下方，而且许多鳚科的鱼类静止在岩石上时常常会弯曲身体的后部。底栖性的鳚科鱼类通常头部圆钝，臀鳍长而肥厚，头部眼睛附近具有特殊的形似卷毛的触须，大部分的这些鳚科鱼类利用细密的梳状齿觅食藻类。

金鳍稀棘鳚 全长约7 cm

金鳍稀棘鳚 全长约7 cm

金鳍稀棘鳚 *Meiacanthus atrodorsalis*

英文名 Yellowtail fangblenny

特　征 最大全长 11 cm。头部和体前部蓝灰色，渐变至体后部浅黄色，背鳍基部常有 1 条黑色纵纹；眼至背鳍前方有 1 条蓝边的黑色斜带。独居或成对生活，栖息于水深 30 m 以浅的沿岸礁坡、潟湖坡或向海礁坡。

分　布 南海近岸、东沙群岛、南沙群岛、西沙群岛、中沙群岛。

黑带稀棘鳚 全长约7 cm

黑带稀棘鳚 *Meiacanthus grammistes*

英文名 Striped fangblenny

特　征 最大全长 10 cm。体白色，头部和体上部略带黄色并具 3 条黑色纵带；尾鳍及尾鳍基部具黑色斑点。独居或成对，栖息于水深 20 m 以浅的潟湖或外礁坪。

分　布 南海近岸、东沙群岛、南沙群岛、西沙群岛、中沙群岛。

云雀短带鳚 *Plagiotremus laudandus*

英文名 Bicolor fangblenny

特　征 最大全长 7.5 cm。头部和体前部呈蓝灰色，蓝灰色色调延伸至体中后部，体中部至尾鳍开始混合黄色色调；背鳍前部有黑色纵带。外形特征类似金鳍稀棘鳚（*Meiacanthus atrodorsalis*），但缺少眼后延伸至背鳍的斜带。独居，主动攻击并摄食其他鱼类的鳞片，栖息于水深 30 m 以浅的沿岸或向海礁坡。

分　布 南沙群岛、西沙群岛、中沙群岛。

云雀短带鳚 全长约7 cm

粗吻短带鳚 成鱼 全长约8 cm

粗吻短带鳚 成鱼 全长约8 cm

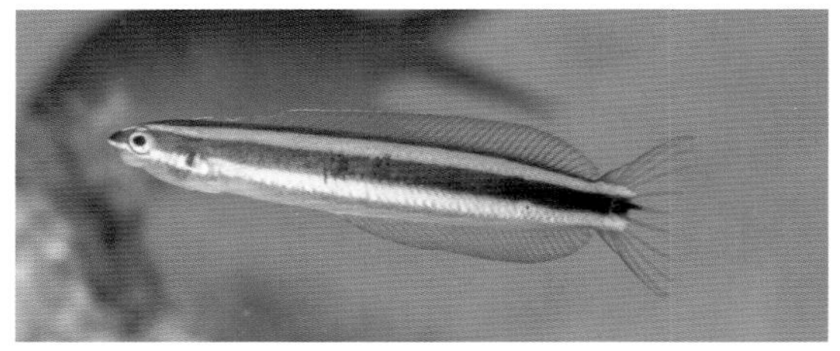
粗吻短带鳚 变体成鱼 全长约7 cm

粗吻短带鳚 成鱼 全长约5 cm

粗吻短带鳚 *Plagiotremus rhinorhynchos*

英文名 Bluestriped fangblenny

特　征 成鱼：最大全长 12 cm。体橘黄色，有 2 条霓虹蓝色的纵纹从吻部延伸至尾鳍基部。常拟态裂唇鱼（*Labroides dimidiatus*）幼鱼，主动攻击并摄食其他鱼类的鳞片，偶尔会咬潜水员。独居，栖息于岩石小洞中并将头和体前部露出洞外，在水深 40 m 以浅的沿岸礁坡、潟湖坡或外礁坪可见。

变体成鱼：体深蓝色至黑色，有 2 条霓虹蓝色的纵纹从吻部延伸至尾鳍基部，尾鳍透明无色。

分　布 东沙群岛、南沙群岛、西沙群岛、中沙群岛。

窄体短带鳚 全长约10 cm

窄体短带鳚 全长约10 cm

窄体短带鳚 *Plagiotremus tapeinosoma*

英文名 Piano fangblenny

特　征 最大全长 12 cm。体白色，背部和尾鳍黄色；有 1 条位于体侧上部的黑色宽纵带从吻部延伸至尾鳍基部，这条纵带由许多短横纹组成。独居，主动攻击并摄食其他鱼类的鳞片，栖息于 20 m 以浅的潟湖坡或向海礁坡。

分　布 东沙群岛、南沙群岛、西沙群岛、中沙群岛。

细纹凤鳚 *Salarias fasciatus*

英文名 Jewelled blenny

特　征 最大全长 14 cm。体底色白色，有 8 条深色横带以及数个圆形至椭圆形的白斑点，椭圆形斑点和横带相间，体中部有窄的深色波浪纹。独居，栖息于水深 5 m 以浅的珊瑚岩礁或沙与海草混合底质。

分　布 南海近岸、东沙群岛、南沙群岛、西沙群岛、中沙群岛。

细纹凤鳚 全长约8 cm

尾斑钝虾虎鱼 成鱼 全长约10 cm

尾斑钝虾虎鱼 变体成鱼 全长约8 cm

尾斑钝虾虎鱼 *Amblygobius phalaena*

英文名 Banded goby

特 征 成鱼：最大全长 15 cm。体绿棕色，有 5 条深色横纹，两眼间有一条白边的黑纵纹贯穿颊部，尾鳍上部和第一背鳍有一黑色斑点。独居或成对生活，栖息于水深 20 m 以浅的礁坪或隐蔽的沿岸沙地和碎石地。

变体成鱼：体白色底色；躯干具 5 条白边黑横纹；背部具深色网纹；1 条深色纵纹从头下部延伸至尾鳍基部。

分 布 南海近岸、东沙群岛、南沙群岛、西沙群岛、中沙群岛。

威氏钝塘鳢 成鱼 全长约10 cm

威氏钝塘鳢 *Amblyeleotris wheeleri*

英文名 Gorgeous shrimpgoby

特 征 最大全长 8 cm。体有 6 条深红色横带，并与黄色横带相间，头部和体侧分别散布着红色斑点和蓝色斑点，臀鳍有蓝边红色条纹。与鼓虾共用洞穴，栖息于水深 2~28 m 水深的潟湖坡或外礁坡。

分 布 南海近岸、东沙群岛、南沙群岛、西沙群岛、中沙群岛。

漂游珊瑚虾虎鱼 全长约2 cm

漂游珊瑚虾虎鱼 *Bryaninops natans*

英文名 Pinkeye goby

特 征 最大全长 2.4 cm。体半透明，头部浅蓝色，腹部至臀鳍上方浅黄色，眼桃红色。聚集成小群栖息于水深 12~25 m 的鹿角珊瑚上方。

分 布 南海近岸、东沙群岛、南沙群岛、西沙群岛、中沙群岛。

勇氏珊瑚虾虎鱼 全长约2 cm

勇氏珊瑚虾虎鱼 *Bryaninops yongei*

英文名 Wire coral goby

特　征 最大全长 3.7 cm。体上部半透明，体下部浅棕色；体侧经常散布一些横带。独居，只生活在蛇鞭黑珊瑚（*Cirrhipathes anguina*）上，栖息于水深 3~45 m 的向海礁坡或潟湖。

分　布 东沙群岛、南沙群岛、西沙群岛、中沙群岛。

侧带矶塘鳢 全长约2 cm

侧带矶塘鳢 *Eviota latifasciata*

英文名 Brown-banded dwarfgoby

特　征 最大全长 2 cm。体半透明，两侧有 6~7 条棕色横带或斑块（或白色横纹也可能较明显），头顶有白色标记。独居，栖息于水深 4~25 m 的沿岸礁坡或外礁坡。

分　布 南沙群岛、西沙群岛、中沙群岛。

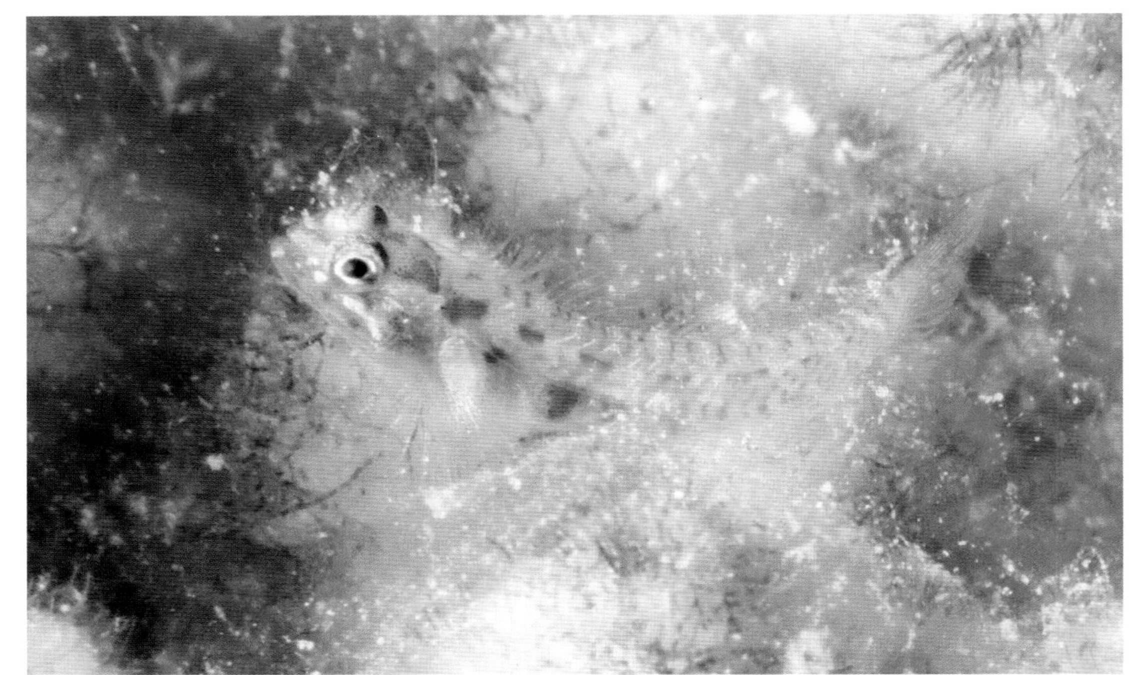

特氏矶塘鳢 全长约2 cm

特氏矶塘鳢 全长约2 cm

特氏矶塘鳢 *Eviota teresae*

英文名 Terry's dwarfgoby

特　征 最大全长 3 cm。体透明，紧密地交替分布着红色和灰色色块；一白色纵带从眼睛延伸至尾鳍基部；虹膜红色具 1 个金色圆环和 1 个黑点。独居或集成小群，栖息于水深 15 m 以浅的潟湖或向海礁坪。

分　布 南海近岸、东沙群岛、南沙群岛、西沙群岛、中沙群岛。

斑鳍纺锤虾虎鱼 全长约4 cm

斑鳍纺锤虾虎鱼 *Fusigobius signipinnis*

英文名 Signalfin sandgoby

特　征 最大全长 6.3 cm。体半透明，具许多细小的棕色斑点；虹膜红褐色；第一背鳍基底下方具一深色斑，前 3 个鳍棘之间具一黑斑。独居，常埋栖息于潟湖或向海礁坡的珊瑚下方，生活水深 3~30 m。

分　布 南海近岸、东沙群岛、南沙群岛、西沙群岛、中沙群岛。

颌鳞虾虎鱼 全长约5 cm

颌鳞虾虎鱼 *Gnatholepis anjerensis*

英文名 Eyebar goby

特　征 最大全长 9.5 cm。体白色至浅灰色，具有许多水平排列、大小不一的斑点；头部两侧各有 1 条贯穿眼睛的深色横纹，背鳍下方具 1 排小白斑。独居或集群，栖息于潟湖或向海礁坡的沙地，最大生活水深 46 m。

分　布 南海近岸、东沙群岛、南沙群岛、西沙群岛、中沙群岛。

线斑衔虾虎鱼 全长约7 cm

线斑衔虾虎鱼 *Istigobius rigilius*

英文名 Orangespotted sandgoby

特　征 最大全长 9.5 cm。体半透明，略呈白色，具有许多黄褐色和白色小斑点；体中部由成对的黄褐色小斑组成了 1 条不连续的纵线。独居，栖息于水质清澈的潟湖或向海礁坡的沙地和碎石地，最大生活水深 30 m。

分　布 南海近岸、东沙群岛、南沙群岛、西沙群岛、中沙群岛。

虾虎鱼科小知识

虾虎鱼科是目前所知的海洋鱼类中种类数量最多的家族，有 220 个属 1 600 多种，由于其个体小且喜欢隐蔽在礁石间或沙地里，我们对于虾虎鱼的关注和了解大大少于其他科的鱼类，许多种类至今还未曾被发现或描述。

虾虎鱼体细长，具 2 个背鳍，该科鱼类主要特征为 2 个腹鳍愈合或半愈合成盘状。虾虎鱼游动能力较差，常身体笔直地静止在碎石或者沙地上，主要以虾、桡足类、蠕虫、海绵和软体动物等为食。虾虎鱼常与鼓虾共生，视力好的虾虎鱼负责在洞口放哨，而视力差的鼓虾负责修筑共栖的洞穴。

刺盖虾虎鱼 雌鱼 全长约6 cm

刺盖虾虎鱼 雌鱼 全长约6 cm

刺盖虾虎鱼 *Oplopomus oplopomus*

英文名 Spinecheek goby

特 征 雄鱼：最大全长 8 cm。体浅灰色，具许多蓝色或橙色小斑点；头部两侧具蓝色条纹；第一背鳍后部具一带蓝边的黑斑。独居或成对生活，栖息于细沙或泥底质的隐蔽性好的近岸海域，最大生活水深 12 m。

雌鱼：第一背鳍后部无黑斑。

分 布 南海近岸、东沙群岛、南沙群岛、西沙群岛、中沙群岛。

本氏磨塘鳢 全长约3 cm

本氏磨塘鳢 全长约3 cm

本氏磨塘鳢 *Trimma benjamini*

英文名 Ringeye pygmygoby

特　征 最大全长 3 cm。体红色或橘色，鳍半透明；眼圈大部分被白色至紫罗兰色细纹环绕，通常从眼下延长至两颊。独居，生活在岩石质底，栖息于水深 4~35 m 的陡峭的外海礁坡。

分　布 南沙群岛、西沙群岛、中沙群岛。

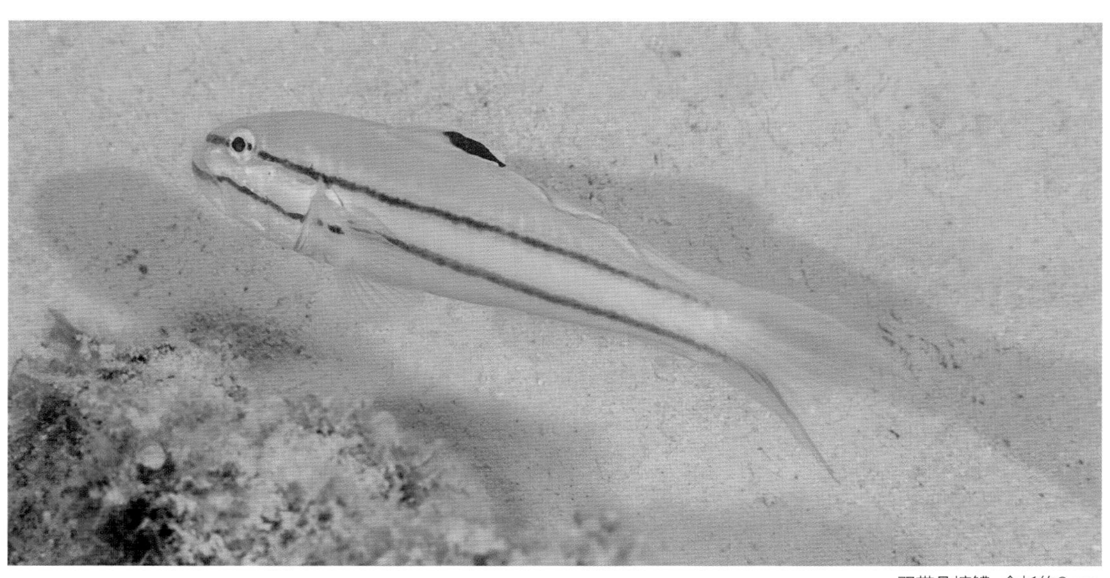

双带凡塘鳢 全长约8 cm

双带凡塘鳢 *Valenciennea helsdingenii*

英文名 Twostripe goby

特　征 最大全长 14.5 cm。体浅灰色，体侧有 1 条镶黑边的白色纵带；第一背鳍有一带白边的黑色眼状大斑。常成对生活，栖息于水深 5~40 m 的外礁崖的沙和碎石的混合区。

分　布 东沙群岛、南沙群岛、西沙群岛、中沙群岛。

六斑凡塘鳢 全长约6 cm

六斑凡塘鳢 *Valenciennea sexguttata*

英文名 Sixspot goby

特　征 最大全长 14 cm。体白色至灰色，颊部有 6 个或更多蓝色至浅蓝色斑点，第一背鳍尖端白色。通常成对生活，栖息于水深 10 m 以浅的沙地或大陆架沿岸的岩石洞穴中。

分　布 南海近岸、东沙群岛、南沙群岛、西沙群岛、中沙群岛。

丝条凡塘鳢 全长约8 cm

丝条凡塘鳢 全长约10 cm

丝条凡塘鳢 *Valenciennea strigata*

英文名 Bluestreak goby

特　征 最大全长 18 cm。体白色至浅灰色，吻部和颊部黄色；眼下有 1 条亮蓝色纵纹，纵纹下方有蓝色的斑点或条带。通常成对生活，同居一穴，栖息于水深 20 m 以浅的礁顶或礁坡底的沙地和碎石地中。

分　布 南海近岸、东沙群岛、南沙群岛、西沙群岛、中沙群岛。

鳃斑鳚虾虎鱼 全长约10 cm

鳃斑鳚虾虎鱼 全长约10 cm

鳃斑鳚虾虎鱼 *Gunnellichthys monostigma*

英文名 Onespot wormfish

特　征 最大全长 11 cm。体延长，蠕虫状，浅蓝色至棕褐色；鳃盖后部具一深色小斑，从吻部到颈部具蓝色纵纹。独居或成对，游动体态为扭动式甩尾，栖息于沙底质或碎石底质的潟湖中，生活水深 6~20 m。

分　布 南海近岸、东沙群岛、南沙群岛、西沙群岛、中沙群岛。

大口线塘鳢 全长约7 cm

大口线塘鳢 全长约6 cm

大口线塘鳢 *Nemateleotris magnifica*

英文名 Fire dartfish

特　征 最大全长 8.5 cm。头部黄色，体色从前部白色渐变至后部红棕色；尾鳍深棕色，第一背鳍非常长。独居或成对生活，栖息于水深 6~60 m 外礁坡的沙地和碎石地的洞穴上方。

分　布 东沙群岛、南沙群岛、西沙群岛、中沙群岛。

黑尾鳍塘鳢 成鱼 全长约8 cm

黑尾鳍塘鳢 幼鱼 全长约4 cm

黑尾鳍塘鳢 *Ptereleotris evides*

英文名 Twotone dartfish

特　征 成鱼: 最大全长 13.8 cm。体色从头部浅蓝灰色渐变至体后部黑色; 尾鳍灰白色, 叉状, 尾叶两边黑色, 鳃盖上有荧光蓝斑纹。1 对鱼共享 1 个沙穴, 栖息于水深 2~25 m 的裸露的潟湖坡或外礁坡。

幼鱼: 体银灰色且浸入些许黄绿色, 第二背鳍、臀鳍和尾鳍的边缘均为黑色, 尾鳍基部有 1 个黑色斑点。

分　布 南海近岸、东沙群岛、南沙群岛、西沙群岛、中沙群岛。

尾斑鳍塘鳢 全长约6 cm

尾斑鳍塘鳢 全长约6 cm

尾斑鳍塘鳢 *Ptereleotris heteroptera*

英文名 Spottail dartfish

特　征 最大全长 12 cm。体深蓝色至浅蓝色至蓝灰色，头部具蓝色且略带荧光的斑纹；尾鳍黄色略带蓝色，尾鳍中部具一长条状黑色纵斑。独居、成对或集聚生活，藏身于礁坡附近的沙地或碎石地的洞穴中。

分　布 南海近岸、东沙群岛、南沙群岛、西沙群岛、中沙群岛。

斑马鳍塘鳢 全长约6 cm

斑马鳍塘鳢 全长约6 cm

斑马鳍塘鳢 *Ptereleotris zebra*

英文名 Zebra dartfish

特 征 最大全长 11.4 cm。体绿色至灰绿色，具有约 20 条橙色到粉色的横带；眼下部及胸鳍基部具深色斜带；具蓝色的颌须，在繁殖期颌须会变长。集成小群，栖息于涌浪冲击形成的岩壁附近，生活水深 2~10 m。

分 布 南海近岸、东沙群岛、南沙群岛、西沙群岛、中沙群岛。

长鳍篮子鱼 成鱼 全长约16 cm 夜潜拍摄

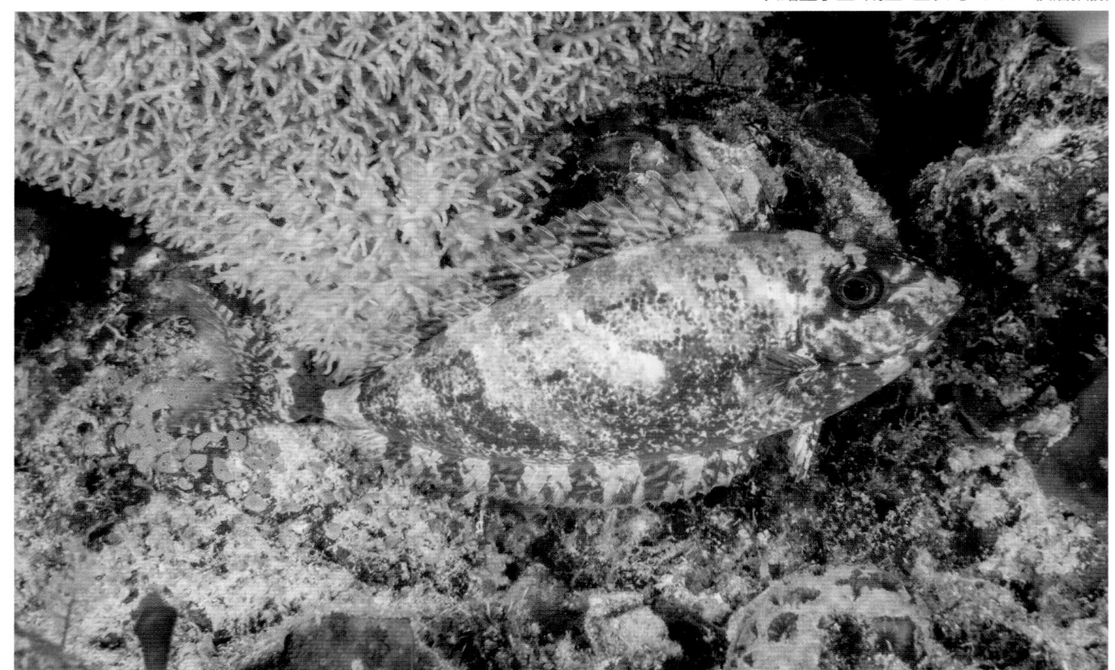

长鳍篮子鱼 成鱼 全长约16 cm 夜潜拍摄

长鳍篮子鱼 *Siganus canaliculatus*

英文名 White-spotted rabbitfish

特 征 最大全长 29 cm。体浅绿色至黄棕色，有若干蓝白色小点（夜间休息时可转变为斑驳的花纹）；鳃盖后缘通常有深色斑点。群居，通常栖息于水深 4 m 以浅的海草床中。

分 布 南海近岸、东沙群岛、南沙群岛、西沙群岛、中沙群岛。

眼带篮子鱼 *Siganus puellus*

英文名 Masked rabbitfish

特　征 最大全长 38 cm。体黄色，体具波浪状的蓝色虚线纹，有一黑带斜穿过眼部。成对生活，以被囊动物和海绵动物为食，栖息于水深 3~12 m 的珊瑚覆盖率高的礁区。

分　布 南海近岸、东沙群岛、南沙群岛、西沙群岛、中沙群岛。

眼带篮子鱼 成鱼 全长约25 cm

狐篮子鱼 成鱼 全长约20 cm

狐篮子鱼 *Siganus vulpinus*

英文名 Foxface rabbitfish

特 征 最大全长 25 cm。体黄色，头部白色，吻部延长，从吻部最前端至背鳍前端有一斜黑带，胸部有黑色宽纹延伸至胸鳍上。独居或形成小群，栖息于潟湖或外海的珊瑚覆盖率高的礁区，通常躲避在鹿角珊瑚中，活动水深可达 30 m。

分 布 台湾、南沙群岛、西沙群岛、中沙群岛。

银色篮子鱼 成鱼 全长约20 cm 夜潜拍摄

银色篮子鱼 成鱼 全长约12 cm

银色篮子鱼 *Siganus argenteus*

英文名 Forktail rabbitfish

特　征 最大全长 30 cm。体蓝色至蓝灰色，有若干黄色小斑点和纵纹（在水底休息时可转变出斑驳的花纹）；尾鳍深叉状。群居，幼鱼主要生活在近岸浅滩，成鱼栖息于水深 40 m 以浅的外礁崖。

分　布 南海近岸、东沙群岛、南沙群岛、西沙群岛、中沙群岛。

角镰鱼 成鱼 全长约15 cm

角镰鱼 幼鱼 全长约5 cm

角镰鱼 *Zanclus cornutus*

英文名 Moorish idol

特　征 最大全长 22 cm。体有 3 条黑色横带和 2 条浅黄色横带；长而突出的吻部有黄色马鞍状斑纹，背鳍向后延长成细丝状。独居、成对或群居，主要以海绵动物为食，栖息于水深 180 m 以浅的潟湖或外礁坪。

分　布 南海近岸、东沙群岛、南沙群岛、西沙群岛、中沙群岛。

日本刺尾鱼 *Acanthurus japonicus*

英文名 Japanese surgeonfish

特　征 最大全长 20 cm。体浅黄褐色至深蓝色，体后部末端过渡为黄色，吻部至眼下有白色斑纹，尾鳍白色。独居或小群活动，栖息于水深 2~12 m 的水质清澈的潟湖或外礁坪。

分　布 南海近岸、东沙群岛、南沙群岛、西沙群岛、中沙群岛。

日本刺尾鱼 成鱼 全长约16 cm

刺尾鱼科小知识

刺尾鱼科鱼类的体型中等，体覆盖细小栉鳞，吻部尖而口小，尾鳍新月形。从幼鱼到成鱼的整个发育过程中体色变化较小，性别也不会转化。该科主要特征是尾鳍基部具一个或数个由鳞片特化成的刀片状的尾刺（骨板）。尾刺主要用于保卫领地、建立自身的种群地位和防御捕食者等。大部分刺尾鱼会在白天啄食覆盖于礁石上的藻类，其余少数几种觅食中层浮游生物，栉齿刺尾鱼则以碎屑为食。在产卵期，黄昏时分会有成对或者成群的刺尾鱼在开阔水域进行产卵交配，雄鱼和雌鱼会游动到水体中上层，它们排出的精子和卵子在水中完成受精，之后受精卵随着水流扩散。

纵带刺尾鱼 成鱼 全长约22 cm

纵带刺尾鱼 成鱼 全长约18 cm

纵带刺尾鱼 *Acanthurus lineatus*

英文名 Striped surgeonfish

特 征 最大全长 38 cm。体金黄色，有数条带黑边的蓝色纵带，腹部浅蓝色；腹鳍黄色，多数鳍的边缘呈亮蓝色。独居，领域性强且生性好斗，尾鳍鳍棘有毒，栖息于水深 6 m 的礁坡外缘。

分 布 南海近岸、东沙群岛、南沙群岛、西沙群岛、中沙群岛。

暗色刺尾鱼 *Acanthurus mata*

英文名 Yellowmask surgeonfish

特　征 最大全长 40 cm。体纤细，浅蓝色至深蓝色，有数条蓝色和深色的线纹，上唇浅黄色，两眼间有 2 条黄色带纹。群居，以浮游动物为食，栖息于水深 5~25 m 的近海礁坡（通常浑浊的）或外礁坪。

分　布 南海近岸、东沙群岛、南沙群岛、西沙群岛、中沙群岛。

暗色刺尾鱼 成鱼 全长约25 cm

暗色刺尾鱼 成鱼 全长约25 cm 夜潜拍摄

暗色刺尾鱼 成鱼 全长约28 cm

黑尾刺尾鱼 成鱼 全长约18 cm

黑尾刺尾鱼 成鱼 全长约18 cm

黑尾刺尾鱼 *Acanthurus nigricauda*

英文名 Blackstreak surgeonfish

特　征 最大全长 40 cm。体深棕色或灰色；眼后方至胸鳍上部具一黑纵带，体后部至尾刺具一深色细条纹。独居或集成小群，常栖息于水深 3~30 m 的附近具有珊瑚的沙地或高耸的岩石周围。

分　布 南海近岸、东沙群岛、南沙群岛、西沙群岛、中沙群岛。

褐斑刺尾鱼 成鱼 全长约8 cm

褐斑刺尾鱼 成鱼 全长约12 cm

褐斑刺尾鱼 幼鱼 全长约4 cm

褐斑刺尾鱼 *Acanthurus nigrofuscus*

英文名 Brown surgeonfish

特　征 最大全长 21 cm。体褐色，头部有许多橙色斑点，背鳍基部有 2 个黑色斑点。印度 - 太平洋珊瑚礁区习见种，成群生活，以生长于岩石表面的藻类为食，栖息于水深 20 m 以浅的近海礁坡或外礁坪。

分　布 南海近岸、东沙群岛、南沙群岛、西沙群岛、中沙群岛。

橙斑刺尾鱼 成鱼 全长约12 cm

橙斑刺尾鱼 成鱼 全长约22 cm

橙斑刺尾鱼 *Acanthurus olivaceus*

英文名 Orangeband surgeonfish

特　征 最大全长 35 cm。头部和体前部亮灰色，体后部深灰色，鳃盖后方有一椭圆形带蓝边的橙色纵带。独居或小群生活，栖息于水深 3~45 m 的珊瑚礁附近的沙地。

分　布 南海近岸、东沙群岛、南沙群岛、西沙群岛、中沙群岛。

黑鳃刺尾鱼 *Acanthurus pyroferus*

英文名 Mimic surgeonfish

特　征 最大全长 29 cm。体褐色，下颌至鳃盖上缘有一弯曲的黑色带纹，胸鳍基部上方有一橙色斑纹。一般为独居生活，栖息于水深 4~60 m 的潟湖坡或向海礁坡。

分　布 南海近岸、东沙群岛、南沙群岛、西沙群岛、中沙群岛。

黑鳃刺尾鱼 成鱼 全长约18 cm

黄尾刺尾鱼 *Acanthurus thompsoni*

英文名 Whitetail surgeonfish

特　征 最大全长 27 cm。体深棕色至浅蓝灰色，或具纵纹，尾鳍白色；体型较多数刺尾鱼更纤细。聚集成小群生活，以浮游动物为食，栖息于水深 4~75 m 的向海礁坡或礁崖。

分　布 南海近岸、东沙群岛、南沙群岛、西沙群岛、中沙群岛。

黄尾刺尾鱼 成鱼 全长约15 cm

黄尾刺尾鱼 成鱼 全长约10 cm

黄尾刺尾鱼 成鱼 全长约12 cm

横带刺尾鱼 成鱼 全长约16 cm

横带刺尾鱼 成鱼 全长约16 cm

横带刺尾鱼 *Acanthurus triostegus*

英文名 Convict surgeonfish

特　征 最大全长 22 cm。体白色，头部和体侧有 5~6 条黑色横纹。常以大群形式觅食，常栖息于水深 5 m 以浅的浅滩礁坪。

分　布 南海近岸、东沙群岛、南沙群岛、西沙群岛、中沙群岛。

双斑栉齿刺尾鱼 *Ctenochaetus binotatus*

英文名 Twospot bristletooth

特　征 成鱼：最大全长 20 cm。体橘棕色，头部有浅蓝色斑点，躯干具浅蓝色纵纹；背鳍和臀鳍的基部后方各有 1 个黑色斑点。通常独居，栖息于水深 12~53 m 的潟湖或向海礁坡的碎石区域。

幼鱼：体黑色，尾鳍黄色。

分　布 南海近岸、东沙群岛、南沙群岛、西沙群岛、中沙群岛。

双斑栉齿刺尾鱼　成鱼　全长约16 cm

双斑栉齿刺尾鱼　幼鱼　全长约3 cm

双斑栉齿刺尾鱼　成鱼　全长约16 cm

青唇栉齿刺尾鱼 亚成鱼 全长约8 cm

青唇栉齿刺尾鱼 幼鱼 全长约5 cm

青唇栉齿刺尾鱼 *Ctenochaetus cyanocheilus*

英文名 Bluelipped bristletooth

特　征 最大全长 18 cm。体橘棕色，体侧有蓝色纵纹，头部有浅黄色小斑点；吻部蓝色，眼周有黄色细环纹。亚成鱼体灰白色至浅棕色，幼鱼体鲜黄色。独居或群居，以海藻为食，栖息于水深 46 m 以浅的外礁坡。

分　布 东沙群岛、南沙群岛、西沙群岛、中沙群岛。

柳齿刺尾鱼 成鱼 全长约16 cm

栉齿刺尾鱼 成鱼 全长约14 cm

栉齿刺尾鱼 幼鱼 全长约4 cm

栉齿刺尾鱼 *Ctenochaetus striatus*

英文名 Lined bristletooth

特 征 最大全长 26 cm。体深棕色，头部有许多橘色斑点，体侧有许多蓝色纵纹；背鳍基部后方可能有 1 个黑色小斑点。独居或群居，为数量较多的珊瑚礁鱼类，栖息于水深 35 m 以浅的潟湖坡或向海礁坡。

分 布 南海近岸、东沙群岛、南沙群岛、西沙群岛、中沙群岛。

短吻鼻鱼 全长约25 cm

短吻鼻鱼 全长约30 cm 夜潜拍摄

短吻鼻鱼 *Naso brevirostris*

英文名 Paletail unicornfish

特　征 最大全长 60 cm。体常呈不同色调的棕色，具竖直排列的深色斑点或线纹（有时较模糊）；头部具 1 个基部宽且末端尖的角。尾鳍和鳃盖外缘白色；常集成小群，栖息于潟湖或向海礁坡的中上层，生活水深 4~46 m。

分　布 南海近岸、东沙群岛、南沙群岛、西沙群岛、中沙群岛。

粗棘鼻鱼 雄鱼 全长约30 cm 水深24 m

粗棘鼻鱼 *Naso brachycentron*

英文名 Humpback unicornfish

特 征 最大全长 90 cm。体灰色，上半部分浅棕色；背部的驼峰为其常见形态特征，雄性成鱼的头部会发育出长角，而雌鱼则发育出 1 个小的突起。常集成小群，栖息于水深 8~30 m 的向海礁坡。

分 布 南海近岸、东沙群岛、南沙群岛、西沙群岛、中沙群岛。

小鼻鱼 全长约10 cm 水深20 m

小鼻鱼 *Naso minor*

英文名 Blackspine unicornfish

特 征 最大全长 23 cm。体灰色，下半部分颜色浅于上半部分；吻部发黑，尾刺及其基部黑色，胸鳍和尾鳍黄色。在开放水域集成小群或大群，栖息于水深 12~40 m 的潟湖或外礁坡。

分 布 南沙群岛。

六棘鼻鱼 全长约24 cm 水深20 m

六棘鼻鱼 全长约24 cm 水深20 m

六棘鼻鱼 *Naso hexacanthus*

英文名 Sleek unicornfish

特　征 最大全长 75 cm。体棕色至蓝灰色，下半部分渐变为黄色（可迅速变为浅蓝色）；鳃盖有一黑色斜带且边缘黑色。集成大群在开放海域觅食，栖息于水深 15~135 m 的向海礁坪的礁崖附近。

分　布 南海近岸、东沙群岛、南沙群岛、西沙群岛、中沙群岛。

颊吻鼻鱼 全长约30 cm

颊吻鼻鱼 全长约25 cm

颊吻鼻鱼 *Naso lituratus*

英文名 Orangespine unicornfish

特　征 最大全长 46 cm。体棕灰色，颈部略带黄色；尾鳍基部骨板和臀鳍橙色；尾鳍灰色，边缘黄色；吻至眼睛的区域为黑色，边缘黄色；背鳍具 1 条黑色纵带。独居或集成小群，栖息于水深 70 m 以浅的潟湖或外礁坪。

分　布 南海近岸、东沙群岛、南沙群岛、西沙群岛、中沙群岛。

单角鼻鱼 亚成鱼 全长约26 cm

单角鼻鱼 亚成鱼 全长约15 cm 夜潜拍摄

单角鼻鱼 *Naso unicornis*

英文名 Bluespine unicornfish

特　征 最大全长 70 cm。体灰色至橄榄绿色，尾刺蓝色；头部的角相对较短（末端不超过上唇）。独居或集成群，以多叶的藻类为食，栖息于水深 80 m 以浅的潟湖或外礁坪。

分　布 南海近岸、东沙群岛、南沙群岛、西沙群岛、中沙群岛。

丝尾鼻鱼 成鱼 全长约25 cm 夜潜拍摄

丝尾鼻鱼 亚成鱼 全长约15 cm

丝尾鼻鱼 *Naso vlamingii*

英文名 Bignose unicornfish

特　征 最大全长 55 cm。头部呈深浅不一的棕色，体棕色至蓝色或灰色；唇部蓝色，眼前方具一蓝色环带；体两侧具许多蓝色横纹和小斑点；体色和斑纹可迅速变浅或变深。通常集群觅食于外礁坪的中层开阔水域，生活水深 4~50 m。

分　布 南海近岸、东沙群岛、南沙群岛、西沙群岛、中沙群岛。

黄尾副刺尾鱼 全长约12 cm

黄尾副刺尾鱼 全长约10 cm

黄尾副刺尾鱼 *Paracanthurus hepatus*

英文名 Palette surgeonfish

特　征 最大全长 26 cm。体及头部呈明亮的蓝色，具明显的黑色钩状条纹；尾鳍黄色，上下边缘各具一黑色纵带。独居或集群，幼鱼常藏身于珊瑚丛中，成鱼栖息于清澈且有水流湍急的外礁坪，最大生活水深 5 m。

分　布 南海近岸、东沙群岛、南沙群岛、西沙群岛、中沙群岛。

小高鳍刺尾鱼 成鱼 全长约8 cm

小高鳍刺尾鱼 成鱼 全长约13 cm

小高鳍刺尾鱼 幼鱼 全长约3 cm

小高鳍刺尾鱼 幼鱼 全长约3 cm

小高鳍刺尾鱼 *Zebrasoma scopas*

英文名 Brushtail tang

特　征 成鱼：最大全长 22 cm。体黄棕色渐变至尾鳍的黑色；尾鳍基部白色，尾鳍基部具毛刷状的单片骨板，头部和躯干有浅蓝色小点或细横纹。独居或群居，栖息于水深 50 m 以浅的潟湖或外礁坪。

幼鱼：体前部浅金棕色，密布金色小斑点；体后部深棕色至紫色；体具许多深色横纹，尾鳍基部白色。栖息于水深 50 m 以浅的潟湖或外礁坪。

分　布 南海近岸、东沙群岛、南沙群岛、西沙群岛、中沙群岛。

横带高鳍刺尾鱼 *Zebrasoma velifer*

英文名 Pacific sailfin tang

特　征 最大全长 40 cm。体由白色和灰色至棕色的横纹相间覆盖；尾鳍在白色、黄色和棕色之间变化，不具斑点；背鳍和臀鳍深灰色至棕色，伸展开后很大，且分布有一些灰白色条纹。独居或群居，栖息于水深 45 m 以浅的潟湖坡或外礁坪。

分　布 南海近岸、东沙群岛、南沙群岛、西沙群岛、中沙群岛。

横带高鳍刺尾鱼 成鱼 全长约15 cm

大魣 *Sphyraena barracuda*

英文名 Great barracuda

特　征 最大全长 170 cm。体银色，近圆柱形，下颌大而呈悬挂式，有尖锐牙齿；通常散布着深色斑块；背鳍和尾鳍有大块的黑色斑块。独居或形成小群，栖息于珊瑚礁海域的上层。

分　布 东沙群岛、南沙群岛、西沙群岛、中沙群岛。

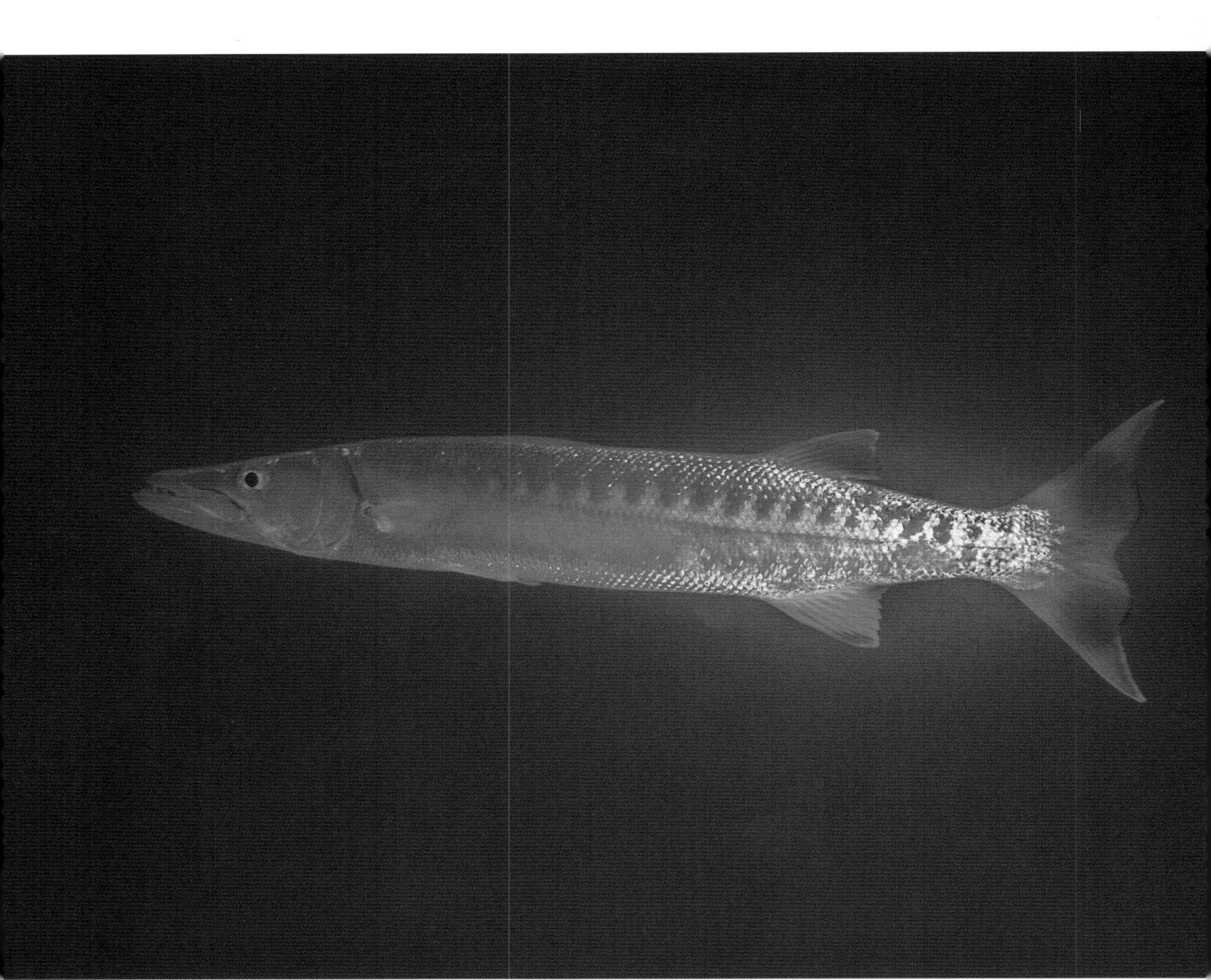

大魣 全长约100 cm

黄带魣 全长约30 cm

黄带魣 *Sphyraena helleri*

英文名 Brass striped barracuda

特　征 最大全长 80 cm。体银色，长圆柱形，下颌大而呈悬挂状，有尖锐牙齿；体两侧有 1 对细长的亮铜色纵纹。白天集成大群活动，夜晚分散觅食，栖息于水深 60 m 以浅的沿岸潟湖或外礁坡。

分　布 南海近岸、东沙群岛、南沙群岛、西沙群岛、中沙群岛。

裸狐鲣 *Gymnosarda unicolor*

英文名 Dogtooth tuna

特 征 最大全长 220 cm。体银白色；体型修长且略显健硕，背鳍和臀鳍后部均具小鳍；背鳍和臀鳍末端具浅色小斑点；侧线 1 条。栖息于较深的潟湖、航道或外礁坪，最大生活水深 60 m，珊瑚礁区最常见的 1 种金枪鱼。

分 布 南海近岸、东沙群岛、南沙群岛、西沙群岛、中沙群岛。

裸狐鲣 全长约80 cm

裸狐鲣 全长约80 cm

裸狐鲣 全长约100 cm

波纹钩鳞鲀 成鱼 全长约12 cm

波纹钩鳞鲀 *Balistapus undulatus*

英文名 Orange-lined triggerfish

特　征 最大全长 30 cm。体深绿色至棕色，有橙色斜条纹；尾鳍基部有 1 个大黑斑。独居，以珊瑚、藻类、海绵动物、蠕虫、蟹类、海胆和鱼类为食，栖息于水深 2~50 m 的珊瑚覆盖率高的潟湖或外礁坪。

分　布 东沙群岛、南沙群岛、西沙群岛、中沙群岛。

花斑拟鳞鲀 成鱼 全长约30 cm

花斑拟鳞鲀 *Balistoides conspicillum*

英文名 Clown triggerfish

特　征 最大全长 50 cm。体黑色，下部有许多白色大圆斑，背部密布黑色斑点；吻橙色，吻端有一圈浅黄色带纹。独居，栖息于水深 75 m 以浅的外礁坡的清澈水域或珊瑚覆盖率高的礁区。

分　布 东沙群岛、南沙群岛、西沙群岛、中沙群岛。

褐拟鳞鲀 成鱼 全长约40 cm

褐拟鳞鲀 *Balistoides viridescens*

英文名 Titan triggerfish

特 征 最大全长 75 cm。体色深，有黄绿色至蓝色的网状纹；吻部和颊部黄绿色，体后部和尾鳍基部为白色，嘴巴上方有深色“胡子”状的带纹。独居，筑巢期的雌鱼可能会攻击潜水员，栖息于水深 3~50 m 的潟湖坡或外礁坪。

分 布 东沙群岛、南沙群岛、西沙群岛、中沙群岛。

黑边角鳞鲀 成鱼 全长约20 cm

黑边角鳞鲀 *Melichthys vidua*

英文名 Pinktail triggerrfish

特　征 最大全长 34 cm。体棕色，吻部和胸鳍浅黄色，背鳍和臀鳍白色且有黑边，尾鳍白色且有粉色横带。独居或形成松散的小群，以藻类、无脊椎动物和鱼类为食，栖息于水深 4~60 m 的外礁坪。

分　布 东沙群岛、南沙群岛、西沙群岛、中沙群岛。

红牙鳞鲀 成鱼 全长约18 cm

红牙鳞鲀 *Odonus niger*

英文名 Redtooth triggerfish

特　征 最大全长 40 cm。体深蓝色至浅粉色；头部浅蓝色，牙齿红色，眼睛到嘴有 2 条蓝线，尾鳍新月形，尾鳍上下叶延长。集群于珊瑚礁上方觅食浮游生物，被惊吓后会游至深水区域，栖息于水深 5~40 m 的外礁坡。

分　布 东沙群岛、南沙群岛、西沙群岛、中沙群岛。

黄边副鳞鲀 成鱼 全长约50 cm

黄边副鳞鲀 成鱼 全长约30 cm

黄边副鳞鲀 *Pseudobalistes flavimarginatus*

英文名 Yellowmargin triggerfish

特　征 最大全长 60 cm。体棕褐色，有深色斑点和交叉图案，吻部和颊部浅橘色；各鳍均具黄色至橘色边纹。独居，在沙地和碎石的水道中筑巢，栖息于水深 2~50 m 的沿岸礁坡、潟湖或外礁坪。

分　布 东沙群岛、南沙群岛、西沙群岛、中沙群岛。

黑副鳞鲀 成鱼 全长约40 cm 水深10 m

黑副鳞鲀 成鱼 全长约40 cm 水深10 m

黑副鳞鲀 *Pseudobalistes fuscus*

英文名 Blue triggerfish

特　征 最大全长 55 cm。体蓝色至蓝灰色，鳞片常具黄色斑点；各鳍边缘皆为浅蓝色至暗红色。独居，筑巢期的雌鱼有强攻击性，可能会袭击潜水员，隐蔽于水深 50 m 以浅的向海礁坡。

分　布 东沙群岛、南沙群岛、西沙群岛、中沙群岛。

叉斑锉鳞鲀 全长约20 cm

叉斑锉鳞鲀 全长约14 cm

叉斑锉鳞鲀 *Rhinecanthus aculeatus*

英文名 Lagoon triggerfish

特　征 最大全长 25 cm。吻部和体背部棕褐色，体背部以下的部分白色；从吻部延伸出的橘黄色斜带与眼下伸出的黑横带相汇，多条黑色斜带从体中部大黑斑处延伸至臀鳍。独居或形成小群，栖息于水深 4 m 以浅的潟湖或外礁坪。

分　布 东沙群岛、南沙群岛、西沙群岛、中沙群岛。

黑带锉鳞鲀 全长约14 cm

黑带锉鳞鲀 全长约14 cm

黑带锉鳞鲀 *Rhinecanthus rectangulus*

英文名 Wedgetail triggerfish

特　征 最大全长 25 cm。吻部和背部亮棕色，体下部白色；黑带纹穿过眼部并逐渐扩大延伸至臀鳍，尾鳍基部有三角状黑斑。独居或形成小群，栖息于水深 12 m 以浅的礁坪或向海礁坡的涌浪区。

分　布 南海近岸、东沙群岛、南沙群岛、西沙群岛、中沙群岛。

项带多棘鳞鲀 成鱼 全长约18 cm

项带多棘鳞鲀 成鱼 全长约10 cm

项带多棘鳞鲀 幼鱼 全长约3 cm

项带多棘鳞鲀 *Sufflamen bursa*

英文名 Scythe triggerfish

特　征 最大全长 24 cm。体灰色至棕色，下颌和腹部白色；眼后有 1 条黄色或棕色的镰刀状条纹，另有 1 条同样的横纹穿过鳃盖后部，吻部至臀鳍有 1 条白色纵纹。独居，栖息于水深 3~90 m 的珊瑚、沙和碎石混合底质的向海礁坡。

分　布 东沙群岛、南沙群岛、西沙群岛、中沙群岛。

黄鳍多棘鳞鲀 成鱼 全长约20 cm

黄鳍多棘鳞鲀 成鱼 全长约18 cm

黄鳍多棘鳞鲀 亚成鱼 全长约8 cm

黄鳍多棘鳞鲀 *Sufflamen chrysopterum*

英文名 Flagtail triggerfish

特 征 最大全长 22 cm。体深棕色，某些个体为黄棕色；下颌和腹部蓝色，眼后下角至胸鳍前方有 1 条浅蓝色至黄色或橘色的横纹，尾鳍黄棕色且边缘白色。独居，栖息于水深 2~30 m 的潟湖坡或向海礁坡。

分 布 东沙群岛、南沙群岛、西沙群岛、中沙群岛。

缰纹多棘鳞鲀 成鱼 全长约28 cm

缰纹多棘鳞鲀 亚成鱼 全长约6 cm

缰纹多棘鳞鲀 *Sufflamen fraenatum*

英文名 Bridled triggerfish

特 征 最大全长 38 cm。体浅棕色至深棕色，鳍棘颜色更深，下颌下方有浅黄色至浅粉色的纵纹。独居，栖息于水深 8~186 m 的向海礁坡以及沙或碎石块底质的开阔水域。

分 布 东沙群岛、南沙群岛、西沙群岛、中沙群岛。

金边黄鳞鲀 雄鱼 全长约16 cm

金边黄鳞鲀 雌鱼 全长约14 cm

金边黄鳞鲀 *Xanthichthys auromarginatus*

英文名 Gilded triggerfish

特　征 雄鱼：最大全长 2 cm。体金属蓝色，鳞片上有白色斑点；头下部有一深蓝色大斑块，背鳍、臀鳍和尾鳍均有黄色边纹。群居，以浮游动物为食，栖息于水深 15~140 m 的外礁坡，常见水深为 20 m 以浅。

雌鱼：体金属蓝色，鳞片上具白色斑点并排列成纵纹；背鳍基部、臀鳍基部和尾鳍边缘皆为红褐色。

分　布 南海近岸、东沙群岛、南沙群岛、西沙群岛、中沙群岛。

拟态革鲀 成鱼 全长约35 cm 夜潜拍摄

拟态革鲀 成鱼 全长约30 cm

拟态革鲀 *Aluterus scriptus*

英文名 Scrawled filefish

特　征 最大全长 75 cm。体混杂着统一色调的灰色、棕色和橄榄色，可以快速变换颜色和斑纹；全身布满不规则的蓝色斑点、线纹和黑色斑点，背鳍第一鳍棘细长而直。栖息于水深 2~80 m 的沿岸礁坡、潟湖坡或外礁坪。

分　布 东沙群岛、南沙群岛、西沙群岛、中沙群岛。

蜡黄前孔鲀 幼鱼 全长约5 cm

蜡黄前孔鲀 幼鱼 全长约5 cm

蜡黄前孔鲀 *Cantherhines cerinus*

英文名 Waxy filefish

特 征 最大全长 12 cm。体黄色，一棕色横带从眼后方延伸至鳃盖下缘；体散布若干不明显的点状或带状的深色斑。栖息于水深 15~28 m 的外礁坪。

分 布 南沙群岛。

棘尾前孔鲀 全长约18 cm

棘尾前孔鲀 *Cantherhines dumerilii*

英文名 Yelloweye filefish

特　征 最大全长 38 cm。体棕灰色至蓝灰色；体后部有模糊的深色条纹，眼眶黄色；尾鳍基部有 4 个黄色小棘，胸鳍基部上有明显的黑色线条。通常成对生活，以活珊瑚为食，栖息于 35 m 以浅的沿岸礁坡、潟湖坡或外礁坪。

分　布 东沙群岛、南沙群岛、西沙群岛、中沙群岛。

细斑前孔鲀 全长约14 cm

细斑前孔鲀 *Cantherhines pardalis*

英文名 Wirenet filefish

特　征 最大全长 25 cm。体灰蓝色至蓝棕色，头部有浅蓝色条纹，躯干有浅蓝色网状纹；尾鳍基部上侧通常有 1 个白色斑点。独居，栖息于水深 2~20 m 的外礁坪。

分　布 东沙群岛、南沙群岛、西沙群岛、中沙群岛。

尖吻鲀 *Oxymonacanthus longirostris*

英文名 Longnose filefish

特 征 最大全长 10 cm。体蓝绿色，具成排的橙色斑点；尾鳍具一黑斑；吻部延长，口上翘。常成对或集成小群在鹿角珊瑚的枝丛间觅食，栖息于水深 35 m 以浅的潟湖或向海礁坡。

分 布 南海近岸、东沙群岛、南沙群岛、西沙群岛、中沙群岛。

尖吻鲀 全长约5 cm

锯尾副革鲀 成鱼 全长约7 cm

锯尾副革鲀 成鱼 全长约7 cm

锯尾副革鲀 *Paraluteres prionurus*

英文名 Mimic filefish

特　征 最大全长 10 cm。体白色，有棕色至黑色斑点；有 2 块深棕色鞍状斑贯穿背部，背部颜色鲜亮；尾鳍黄色。拟态横带扁背鲀（*Canthigaster valentine*），后者没有锉刀状的第一背鳍。独居或形成小群，栖息于 25 m 以浅的向海礁坪。

分　布 南海近岸、东沙群岛、南沙群岛、西沙群岛、中沙群岛。

粒突箱鲀 雄鱼 全长约26 cm

粒突箱鲀 雄鱼 全长约26 cm

粒突箱鲀 *Ostracion cubicus*

英文名 Yellow boxfish

特　征 最大全长 45 cm。吻端隆起；体紫棕色，有不明显的斑点，通常在头部有黄色的皱裂状线纹；尾鳍基部黄色。独居，栖息于水深 35 m 以浅的沿岸礁坡、潟湖坡或外礁坪。

分　布 东沙群岛、南沙群岛、西沙群岛、中沙群岛。

白点箱鲀 雄鱼 全长约8 cm

白点箱鲀 雄鱼 全长约6 cm

白点箱鲀 雌鱼 全长约 3 cm

白点箱鲀 *Ostracion meleagris*

英文名 Spotted boxfish

特　征 雄鱼：最大全长 15 cm。体背部深褐色至黑色，具白色斑点；头部及体侧蓝色，体侧有亮橙色斑带。独居或成对，栖息于水深 30 m 以浅的大陆架沿岸、潟湖或外礁坪。雌鱼：全身深褐色至黑色，有许多白色斑点。

分　布 南海近岸、东沙群岛、南沙群岛、西沙群岛、中沙群岛。

青斑叉鼻鲀 变体成鱼 全长约60 cm

青斑叉鼻鲀 变体成鱼 全长约60 cm

青斑叉鼻鲀 *Arothron caeruleopunctatus*

英文名 Blue-spotted puffer

特 征 成鱼：最大全长 80 cm。体背部黄褐色，背部以下浅蓝色，具许多蓝色小斑点；眼睛旁边交替分布着深浅不一的环带，胸鳍基部具一黑色大斑块，斑块上具白色小斑点。独居，栖息于水深 2~45 m 的向海礁坡。

变体成鱼：体褐色，除鳍以外，其他部分均具若干蓝色斑点，有些个体具黑边白色斑；眼睛周边交替分布着深浅不一的环带，胸鳍基部具一黑色大斑块，斑块上具白色小斑点。

分 布 南海近岸、东沙群岛、南沙群岛、西沙群岛、中沙群岛。

纹腹叉鼻鲀 成鱼 全长约33 cm

纹腹叉鼻鲀 *Arothron hispidus*

英文名 White-spotted puffer

特　征 最大全长 48 cm。体上部灰色至绿棕色，下部体色较浅，且散布着白色斑点；胸鳍基部有 1 个带白边的黑色大斑。独居，栖息于水深 1~50 m 的珊瑚、沙、碎石和海草混合的底质。

分　布 南海近岸、东沙群岛、南沙群岛、西沙群岛、中沙群岛。

辐纹叉鼻鲀 成鱼 全长约30 cm

辐纹叉鼻鲀 *Arothron mappa*

英文名 Map puffer

特　征 最大全长 60 cm。体灰色，密布迷宫样式斑纹，腹部白色至黄色；眼睛周围具轮辐状的放射纹，胸鳍基部和臀鳍散布不规则的黑色斑块。独居，栖息于水深 4~30 m 的潟湖或向海礁坪。

分　布 南海近岸、东沙群岛、南沙群岛、西沙群岛、中沙群岛。

星斑叉鼻鲀 *Arothron stellatus*

英文名 Star puffer

特　征 最大全长 90 cm。体浅灰色，密布黑色斑点；胸鳍基部周围分布着黑色大斑点或不规则斑纹。独居，栖息于水深 3~58 m 的潟湖坡或向海礁坡。

分　布 东沙群岛、南沙群岛、西沙群岛、中沙群岛。

星斑叉鼻鲀　成鱼　全长约40 cm

黑斑叉鼻鲀 变体成鱼 全长约24 cm

黑斑叉鼻鲀 变体成鱼 全长约26 cm

黑斑叉鼻鲀 成鱼 全长约24 cm

黑斑叉鼻鲀 成鱼 全长约24 cm

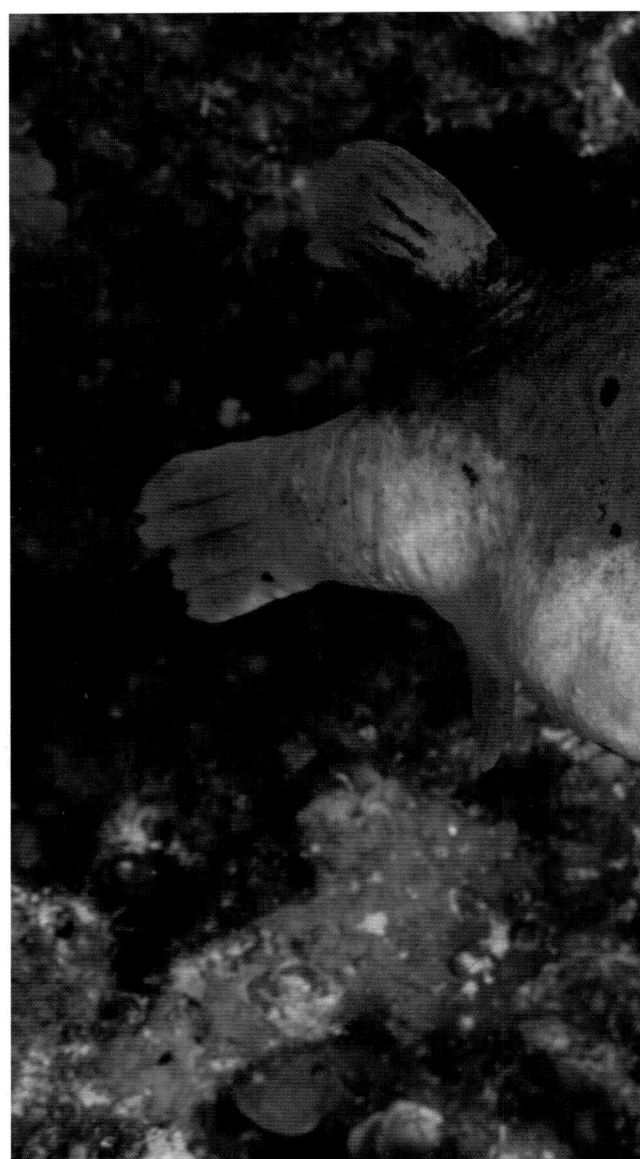

黑斑叉鼻鲀 变体成鱼 全长约28 cm

黑斑叉鼻鲀 *Arothron nigropunctatus*

英文名 Blackspotted puffer

特 征 成鱼：最大全长 30 cm。体色多变化，以浅灰色最为常见；体散布一些黑色斑点；吻黑色，胸鳍基部黑色。独居，栖息于水深 3~25 m 的潟湖至向海礁坡的珊瑚覆盖率高的礁区。

变体成鱼：体色变化大，具蓝色和黄色斑块，许多变体成鱼吻部具白色横带，第二背鳍具黑斑。

分 布 南海近岸、东沙群岛、南沙群岛、西沙群岛、中沙群岛。

横带扁背鲀 *Canthigaster valentini*

英文名 Black-saddle toby

特　征 最大全长 10 cm。体白色，有浅棕色斑点和 4 条深棕色至黑色的马鞍状斑分布，其中中间的 2 条马鞍状斑延伸至体侧下部。外形与锯尾副革鲀（*Paraluteres prionurus*）相似。独居或小群生活，栖息于水深 50 m 以浅的潟湖坡或向海礁坡。

分　布 东沙群岛、南沙群岛、西沙群岛、中沙群岛。

横带扁背鲀 成鱼 全长约5 cm

密斑刺鲀 全长约45 cm

密斑刺鲀 全长约45 cm

密斑刺鲀 *Diodon hystrix*

英文名 Porcupinefish

特　征 最大全长 71 cm。体黄褐色至褐色，下部橄榄绿色或灰色，略带白色；全身遍布小黑斑和可动刺。除求偶期外独居，栖息于水深 50 m 以浅的岩石区或珊瑚礁区。

分　布 南海近岸、东沙群岛、南沙群岛、西沙群岛、中沙群岛。

大斑刺鲀 全长约35 cm

大斑刺鲀 全长约25 cm

大斑刺鲀 *Diodon liturosus*

英文名 Black-blotched porcupinefish

特　征 最大全长 50 cm。体棕色，具有许多长短不一、位置不定的棘刺；背部、眼圈及眼下有一些带白边的深棕色至黑色的斑块。除求偶期外独居，栖息于水深 90 m 以浅的珊瑚礁区。

分　布 东沙群岛、南沙群岛、西沙群岛、中沙群岛。

参考文献

［1］傅亮 . 中国南海西南中沙群岛珊瑚礁鱼类图谱 [M]. 北京：中信出版社，2014.

［2］伍汉霖，邵广昭，赖春福，等 . 拉汉世界鱼类系统名录 [M]. 青岛：中国海洋大学出版社，2017.

［3］余克服 . 珊瑚礁科学概论 [M]. 北京：科学出版社，2018.

［4］刘敏，陈骁，杨圣云 . 中国福建南部海洋鱼类图谱 [M]. 北京：海洋出版社，2014.

［5］陈正平，詹荣桂，黄建华，等 . 东沙鱼类生态图鉴 [M]. 中国高雄：海洋国家公园管理处，2011.

［6］中国科学院动物研究所，中国科学院海洋研究所，上海水产学院 . 南海鱼类志 [M]. 北京：科学出版社，1962.

［7］陈大刚，张美昭 . 中国海洋鱼类 [M]. 青岛：中国海洋大学出版社，2015.

［8］苏锦祥，李春生 . 中国动物志 硬骨鱼纲 鲀形目 [M]. 北京：科学出版社，2002.

［9］李思忠，王惠民 . 中国动物志 硬骨鱼纲 鲽形目 [M]. 北京：科学出版社，1995.

［10］〔日〕加藤昌一 . 改訂新版 海水魚 ひと目で特徴がわかる図解付き：1000 種 + 幼魚、成魚、雌雄、婚姻色のバリエーション [M]. 东京：誠文堂新光社，2014.

［11］〔日〕加藤昌一 . ベラ & ブダイ：日本で見られる 192 種 + 幼魚、成魚、雌雄、婚姻色のバリエーション [M]. 东京：誠文堂新光社，2016.

［12］〔日〕加藤昌一 . スズメダイ ひと目で特徴がわかる図解付き [M]. 东京：誠文堂新光社，2011.

［13］Allen G R, Steene R, Humann P, et al. Reef Fish Identification: Tropical Pacific（2nd Edition）[M]. Jacksonville: New Word Publications, 2015.

［14］WoRMS[EB/OL].（2019-09-11）. http://www.marinespecies.org.

［15］Museums Victoria. Fishes of Australia[EB/OL].（2019-09-11）. http://Fishofaustralia.net.au.

［16］FishBase[EB/OL].（2019-04-01）. http://www.fishbase.org.

中文名索引

A

B

C

D

E

F

G

H

J

K

L

M

N

X

Y

Z

学名索引

D

E

F

G

H

致谢 Acknowledge

本书得到相关单位、同行专家和同事的大力支持与帮助，在此，对提供帮助和建议的每一位同志表示由衷的感谢！

借此机会，我们需要郑重感谢为本书做出无私奉献的一群人。首先，感谢南海环境监测中心全体人员为本书的出版提供了基础保障，确保了项目备航、现场调查、后期影像整理分析和图鉴编著等阶段的各项工作顺利进行；感谢厦门大学教授刘敏老师和其团队在本书内容编撰和审核中提供的指导和帮助；感谢广西红树林研究中心在前期提供的技术和人员支持；感谢奥林巴斯签约摄影师周佳俊在水下微距摄影方面提供的帮助；感谢专业潜水教练李长明、王举德、李德义、何书玮、汪沛、陆珍方、冯茂华、方志豪、曾应顺等在水下技能方面提供的帮助。再次感谢所有为本书做过贡献的每一个人！